走近新科学

# 生物工程

主　编：王学理

吉林出版集团股份有限公司
全国百佳图书出版单位

**图书在版编目(CIP)数据**

生物工程 / 王学理主编. -- 2版. -- 长春：吉林出版集团股份有限公司, 2011.7（2024.4 重印）

ISBN 978-7-5463-5744-7

Ⅰ. ①生… Ⅱ. ①王… Ⅲ. ①生物工程-普及读物 Ⅳ. ①Q81-49

中国版本图书馆 CIP 数据核字(2011)第 136903 号

生物工程 Shengwu Gongcheng

**主　　编** 王学理
**策　　划** 曹　恒
**责任编辑** 息　望
**出版发行** 吉林出版集团股份有限公司
**印　　刷** 三河市金兆印刷装订有限公司
**版　　次** 2011 年 12 月第 2 版
**印　　次** 2024 年 4 月第 7 次印刷
**开　　本** 889mm×1230mm 1/16 **印张** 9.5 **字数** 100 千
**书　　号** ISBN 978-7-5463-5744-7 **定价** 45.00 元
**公司地址** 吉林省长春市福祉大路 5788 号 **邮编** 130000
**电　　话** 0431-81629968
**电子邮箱** 11915286@qq.com

# 编者的话

科学是没有止境的，学习科学知识的道路更是没有止境的。作为出版者，把精美的精神食粮奉献给广大读者是我们的责任与义务。

吉林出版集团股份有限公司推出的这套《走进新科学》丛书，共十二本，内容广泛。包括宇宙、航天、地球、海洋、生命、生物工程、交通、能源、自然资源、环境、电子、计算机等多个学科。该丛书是由各个学科的专家、学者和科普作家合力编撰的，他们在总结前人经验的基础上，对各学科知识进行了严格的、系统的分类，再从数以千万计的资料中选择新的、科学的、准确的诠释，用简明易懂、生动有趣的语言表述出来，并配上读者喜闻乐见的卡通漫画，从一个全新的角度解读，使读者从中体会到获得知识的乐趣。

人类在不断地进步，科学在迅猛地发展，未来的社会更是一个知识的社会。一个自主自强的民族是和先进的科学技术分不开的，在读者中普及科学知识，并把它运用到实践中去，以我们不懈的努力造就一批杰出的科技人才，奉献于国家、奉献于社会，这是我们追求的目标，也是我们努力工作的动力。

在此感谢参与编撰这套丛书的专家、学者和科普作家。同时，希望更多的专家、学者、科普作家和广大读者对此套丛书提出宝贵的意见，以便再版时加以修改。

# 目录

# 生物工程

人们为了生存，学会了栽培植物，熟悉了养殖动物，逐渐摸索出对动植物的利用，这就是早期的生物工程。它与现代的农业、牧业、农副产品加工业原理相同，只不过如今规模更大、操作起来更系统、手段更先进、产品更多更高级而已。

养殖、种植的进步，主要体现在良种的选育上，从人工授精、杂交到基因工程，都是选种育种的发展和递进。大型轻工业生产基地的建立，也是加工业的发展和提高的体现。从造酒、酿醋、制酱油、生产抗生素到今天的发酵工业，无一不标志着加工业的演化与进步。

今天，种植业已经发展到人工种子工厂化生产阶段；养殖业已经成功地克隆绵羊；而基因工程已经把人类带入高质量生活、高科技生产的新时代，生物工程与其他科学一样如雨后春笋，出现了飞速发展整体推进的好局面，生物工程不但成为人们的需要，而且更加受到社会的认同与青睐。

生物工程的发展给医学带来新的前景和革命，许多疑难病症通过基因药物可能克服，未来人们的健康问题通过基因工程可能得到改善，基因食品、基因生物很可能在未来的社会中唱主角。生物计算机也越来越清晰地走到台前，很可能成为计算机的最新一代。

# 试管婴儿

人类两性结合繁衍生息是高等生命的进化特征，也是人区别其他生命的关键所在。换言之，生儿育女是人的本性。但是，子女的缺陷会给一个家庭带来不幸。

人体基因组遗传密码测序工程的完成，向人们展示出人类遗传密码的全部图谱，这本“天书”的破译给人类控制生育带来了可能，因为，测序结果告诉人们，人与人之间的差别，在于人的基因组排列顺序不同。在人类的细胞中，细胞核内有 23 对染色体，在这 23 对染色体上排列着 30 多亿个碱基，它是组成去氧核糖核酸的主要成分。碱基有四种，即 A、T、C、G，每个人四种碱基的排列顺序绝大部分是相同的，但也有小部分不一样。这小部分不一样就决定了人与人之间的差别。

掌握了基因图谱，就可以通过基因组比较找到自己的不足和分析出未来婴儿的基因情况，如果这种情况是自己希望的，则可以正常怀孕，如期生下自己的婴儿；如果未来的婴儿基因组成不理想，可以请医生或专家协助改善基因结构，生出自己想要的孩子。如果母亲有缺陷或因为某种情况不能受孕，则可通过人工授精获得试管婴儿，那时借助母体或借助他人的子宫，仍然可能获得自己的婴儿。试管婴儿开了先河，引出了生育史上的一场革命。

# 克隆动物

克隆技术虽然出现得较晚，但是研究克隆技术的历史却由来已久。早在20世纪60年代，我国学者童第周与他的学生美国学者牛满江就成功地克隆出金鱼，受到党和国家领导人的高度重视。童第周去世后，他的学生杜淼继承了老师的事业，与西北农业大学张涌教授共同从事克隆绵羊的研究。他们从1976年开始，从发育30～40天的山羊胚胎中取出供试细胞，将其细胞核取出来供试验用。由于这些材料不是取自成年动物的体细胞，所以，他们虽然克隆出山羊，但却担心这样获得材料没有普遍意义，因此，他们没有向外界公布研究成果。在后来的试验中他们也尽量不从乳腺细胞、子宫上皮细胞这些与生殖细胞有直接联系的细胞中取材，这反映了我国科学工作者的诚实科研态度。他们克隆的山羊“元元”“阳阳”给人们留下了许多可贵的经验。

到目前为止，比较成功的克隆动物有鱼、山羊、绵羊、牛、鼠、猪等，其中英国克隆出的绵羊“多莉”影响最大。

科学家克隆这些动物出于几种人道主义考虑：其一是这些动物大多数是家畜，不危及自然界生物的种群；其二是取材方便，价钱便宜；其三是即使失败，也不会给大自然和人类社会带来任何恶果。

# 克隆人行吗(一)

克隆技术是将体细胞的细胞核移植到卵细胞中去，替出卵细胞的细胞核。这个过程根本没有性细胞——精子的参与，这种体细胞与生殖细胞的直接结合，改变了传统的那种精卵细胞结合的生殖方式，是通过生物技术复制生物体本身的新路子。有人说："这是让自己再繁殖一遍自己。"

从方法和手段上，这是一种进步，但是，这种克隆出的生物与其母体究竟是什么关系？比如克隆人，那么克隆出的人管母体叫妈妈还是叫姐姐？母体的子女管克隆人叫妈妈还是叫姐弟？克隆人与母体的丈夫又是什么关系，等等。这样一来，什么伦理、道德岂不是一下子乱套了！

更有甚者，谁能保证克隆过程中不会出现克隆战争狂人、恐怖分子的情况？所以，克隆本身这种高科技手段一旦被运用过头，将给人类，给社会带来不可估量的恶果。由此可见，克隆技术也会引发人类的道德危机，这一点还真应引起人们的高度注意。正因为如此，当人体遗传基因密码正待破译的消息一出，各国立刻出现不同意见：有的声称要克隆人；有的则提出不准克隆人，见仁见智众说纷纭。情况会如何发展，向什么方向演化，只能拭目以待。

# 克隆人行吗(二)

克隆人是对生命奥秘的又一次挑战，除了挑战伦理外，还有以下几个问题：一是克隆产生的人出现先天缺陷怎么办，人类有权力决定制造一个克隆人的生命吗？有权利处置一个有缺陷的克隆人的生命吗？二是克隆人即便是用来造福人类，比如克隆人被当作材料来治疗人类的一系列疾病，那么既然克隆出了人，再拿他们当材料进行器官移植或作为其他加工材料，这样道德吗？三是政府立法非常困难，自从克隆人这个概念出现在人们的脑海里，国际社会要求禁止克隆人的呼声就一直没有平息。美国白宫发言人在“先进细胞科技公司”公布克隆人胚胎成功的消息后，虽然重申了总统布什的反对意见，但 2001 年 7 月 31 日美国众院通过的禁止克隆人的法案，却一直没有得到参议院的通过。

日本也于 2001 年 6 月实行禁止克隆人法令，面对克隆人的计划一步步逼近，各国政府要求立法禁止克隆人的呼声愈来愈高，但意大利专家安蒂诺里却表示，他将在 6 个月内克隆出一个人类胚胎做生殖用途。英国也表示要填补生物工艺技术“明显存在的漏洞”。而欧盟一名发言人甚至说，他们将赞助使用流产胎儿或试管授精所剩余的胎儿进行干细胞研究。

# 克隆濒危动物

地球上每天都有一些物种在灭绝。那些种群数量少、生存环境严重受到破坏，其食物链结构不完整的生物都处在了灭绝的边缘，人们叫这类生物为濒危生物。濒危生物愈少就愈珍稀，愈珍稀濒危就愈要加以保护。

事情往往这样，越是珍稀濒危的生物，其繁殖能力越小。比如老虎，本来少得可怜，但虎性成熟很晚，即使成功繁殖，一胎也往往一只，这就维持了虎独居食物链金字塔顶端的特殊地位，也保证了自然界处于食物链结构底层的草食动物的生息繁衍。研究发现，克隆可能为挽救这些生物找到了一条切实可行的途径。

通过克隆技术，不管动物是否处在适合受孕的生理周期，只要找到卵细胞都可以容易地找到受体体细胞来进行克隆胚胎，然后通过母体将这些动物顺利地发育成幼仔，从而获得我们所要的各种濒危珍稀动物。就是已经消失的某些动物，只要在浸制标本、骨骼或冰雪中埋藏的尸体中还存在活细胞，就有可能复制出早已灭绝的那些动物。

比如最近澳大利亚博物馆就向世人宣布，他们准备克隆早已灭绝的塔斯马尼亚虎，因为他们发现用乙醇浸制的标本中尚保存某些细胞活性。这近似于天方夜谭的奇迹能否发生呢，让我们拭目以待吧。

如果这项技术真的可行，那么，东北虎、大熊猫等珍稀动物真有可能改变走向灭绝的厄运，地球上的生物物种由此可以长期与人类相伴，这不啻是一个令人振奋的好消息。

# 艾滋病能治愈吗

治愈艾滋病是完全有可能的，自从1981年第一例艾滋病被发现并被证实后，在短短二十几年时间，人类一直都在尽一切努力来克服它、遏制它。科学工作者和医务工作者从中草药到各种疫苗经过数百项试验、数千次临床，但艾滋病的蔓延势头不减，人类仍在病魔中呻吟、煎熬。那么，克隆技术的发展能给人们带来哪些希望呢?首先，基因组测序使人们看到对艾滋病有抗性的人基因组排列顺序确实有差异，科学家发现这些差异与变异的MIP—lalpha基因有关。这就告诉我们，如果能将这种变异基因成功地转移到艾滋病患者身上，就有可能产生意想不到的效果。其次，人体干扰素基因也对艾滋病病毒有极强的抗性，所以，将这种基因引人患者体内也可能最终遏制艾滋病病毒的发展与蔓延。从这点出发，基因疗法确实可能成为艾滋病的克星。目前，有的国家已经进人了最后冲刺阶段。他们给艾滋病患者注射“反义核酸”，使它通过细胞膜进人HIV病毒的核酸内，与HIV病毒的核酸形成互补，这样，在细胞内最终就可能影响HIV病毒的基因重组，产生新的复制。如果情况果真能像预料得那么顺利，HIV的正常表述就会被破坏，艾滋病也就“寿终正寝”了。

# 基因育种

目前，基因育种在动植物品种改良以及新品种培育上占有重要地位，无论是植物直接转化外源基因的应用，还是利用杆菌介导遗传转化，包括对植物进行快速繁殖的应用，都已经越来越广泛。在高等植物中采取基因调节及基因编码转录因子技术培育新品种，这被称作第二次绿色革命。动物遗传育种则利用基因技术对哺乳动物进行细胞核移植，结果克隆出羊、牛、兔等。与此同时，在转基因动物的制备方面也取得了许多丰硕成果。这些成就预示着再造生物物种的时代已经到来！

科技工作者使用直径 1～1.5 微米的显微注射器，将制备好的外源 DNA 注射到卵母细胞，待卵母细胞发育成胚胎时，再将注人外源 DNA 的胚胎移入受体，最后再对新生动物进行外源 DNA 鉴定来证实再造动物是否成功。这项技术说起来容易做起来很难，几乎都需要在显微镜下操作，差之毫厘谬以千里，出不得半点差错。

植物再造目前称得上基因工程的要算外源基因移植了。将外源基因导入受体的方法很多，如农杆菌 Ti 质粒系统、电穿孔、PEG 法、花粉管通道法、基因枪、激光束等。根据不同植物最佳外植体的不同选择方法五花八门，但从外植体再生成完整植株是这项技术的核心。

# 基因技术应用

首先，基因技术的应用对分类学益处最大。无论是动物分类还是植物分类，以前都是通过形态、构造、生物生态学特性这些宏观的特征来确定种与种之间的差别。有了基因图谱则可以通过基因的情况来加以分类，这要科学得多、准确得多。可以断言，将来总有一天会出现一门以基因为依据的新的分类学，那时，分类这门古老学科将迈向现代的新轨道。

其次，古生物学、人类学也会因为基因技术的应用而发生一系列变革。通过基因谱系来确定种系进化脉络，如以母系基因遗传为基础研究古人类的迁移路线，来确定人种的进化与演变。研究 Y 染色体上的突变，可以找出父系基因谱系的变化以及迁移路线。科学家们正是根据这种理论，指出现代人来自非洲，起源于非洲原始森林中生活的早期女性人类。另外，把突变进化中的断点与人口年龄及历史事件加以比较，是基因技术的拿手好戏。

利用基因技术开发微生物从中找出新的种类，用在能源、检测污染、清除有毒废物以及控制生物武器的危害。1994 年，美国能源部利用基因技术对细菌重新加以测定，结果它们找到了数百倍的新的微生物，这些微生物正是清除污染、处理垃圾、除去金属锈斑的能手。

有的微生物对光有特殊敏感性，这种微生物有特殊的开发前途。此外，基因工程对环保、对酶制剂加工、对药品防伪以及公安侦缉都可以派上用场，并把这些领域推向新的阶段。

# 遗传密码

蛋白质分子内的氨基酸，其排列顺序由核酸分子内的核苷酸排列顺序所决定。在脱氧核糖核酸或信使核糖核酸分子内有三个相互靠近的核苷酸，在蛋白质合成过程中，它们的位置、顺序决定着某一氨基酸在蛋白质分子中的位置，所以，这三个核苷酸通常被称作密码子，或叫三联体密码。

细胞内的核糖核酸分为转移核糖核酸、信使核糖核酸和核糖核蛋白体的核糖核酸（也叫核糖体）。

生物蛋白质合成的密码是遗传信息的单位。由构成核酸的四种不同核苷酸的不同组合所代表。每一密码由核酸分子中三个相连的核苷酸所组成，决定一个氨基酸。此外，还有代表遗传信息“转译起点和终点”的密码。

用外来的或人工合成的脱氧核糖核酸分子片段，渗入某些细胞内同原有的脱氧核糖核酸组合之后，使下一代表现出新渗入的脱氧核糖核酸所携带遗传信息的特征的技术叫遗传工程。遗传工程为培养动物和植物以及微生物新品种，控制特殊疑难病症提供了可能。

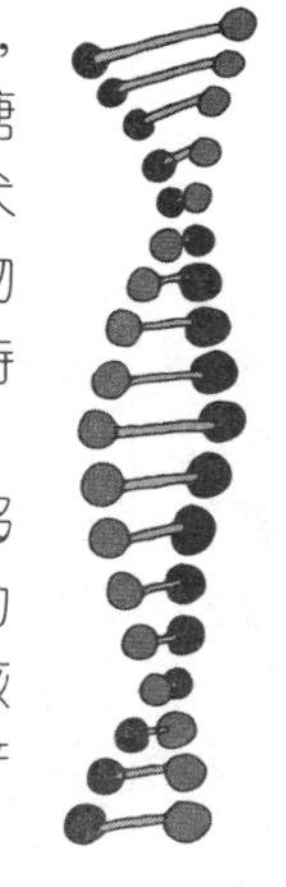

遗传信息从核酸到核酸的转移过程叫作复制，以脱氧核糖核酸为样板合成脱氧核糖核酸或以核糖核酸为样板合成核糖核酸，合成的产物与样板具有同样的遗传信息。

# 基因组测序

每一个生物体，组成它的细胞核内物质染色体的脱氧核糖核酸里四种碱基的排列顺序都有自己独特的模式。自然界中万千生物之间，即使同属同种，也没有两个完全一样的。因此，研究差别就可以判定基因的不同。而这些不同都表现在基因图谱上。科学家们必须把几十亿个碱基所组成的脱氧核糖核酸长链剪成若干个片段，然后逐个地研究，观测它的结构。每个片段测完后再从整体上对基因分布作出描述。

基因组测序要有几个条件：一是要有观测手段，即超高分辨能力的电子显微镜；二要有超级计算能力的计算机；三要有一大批懂得生物的、物理的、化学的、计算机的跨专业的专家学者；四要有充足的经费。

由美国塞莱拉公司挑头的这项人类基因组测序工程，集中了全世界 1100 名著名的科学家，动用了全世界 16 个实验室。如果科学家们每天工作 24 小时，放弃所有节假日，这样还需要好几年时间才能完成。可见，基因组测序是何等的不容易。

有人形容完成人类基因组测序，不亚于放了一颗原子弹。这有一定道理，因为“它昭示着人类对自然界的了解又深入了一个崭新的阶段”。

# 基因技术克癌

说起来这简直无比神奇，如果人们能把胰岛素信息、干扰素信息带到动物身上，到那时只要吃这些动物的肉，喝这些动物的奶，就可能根除顽症，健康长寿了。

比如人的寿命决定于体细胞分裂的次数，一般来说，体细胞一生之中可以分裂 50 次。人体细胞的染色体顶端有一种物质叫端粒，它像一顶帽子扣在染色体的顶端，当细胞分裂一次后，这个端粒就会缩短一点，如果最后所剩无几，无法再缩短时，细胞的寿命也就终结了。可是，有一种特殊情况，那就是男人的精细胞和致病的癌细胞，它们的染色体顶端的端粒一生中无论怎样分裂也不会缩短。科学家们研究发现，这是一种叫作端粒酶的在起作用，也就是说，端粒酶可以保持端粒不缩短。这个发现显然非常重要，因为如果设法把这种机制转移到人体细胞上去，让体细胞的所有端粒都不缩短，那么，人的寿命不就自然延长了吗！

科学家们又发现第 4 号染色体上有与端粒相关的基因，并给它起名叫致死因子 4。试验表明把这一基因注入癌细胞时，癌细胞就停止分裂和生长。由此，科学家们断定，致死因子 4 有监控端粒长度和按照端粒的缩短情况来终结细胞分裂和结束细胞生命的功能。这就告诉我们如果设法将致死因子 4 通过基因技术人工监控起来或对其加以改变，那么，控制癌病就轻而易举了。

# 种源基因库

种源基因库建设工程是基因工程的配套工程，它是基因工程的基础。基因库是工具库、物种贮藏库、基因测序及基因档案的保存库，或叫数据库。

科学家指出，人类基因组计划包括前计划和后计划。前计划就是基因测序，测序结果是数据库的内容。基因库是一个个鲜活的基因实体，是工具库。

基因库的种类各种各样，它们的内容、形式以及作用各不相同。比如北京博宁基因工程有限公司首席执行官陈晓宁教授从美国带回的三大基因库，一个叫人类基因克隆库，一个叫人类基因探针库，一个叫小白鼠基因克隆及探针库。其中人类基因克隆库就有12万个基因克隆，几乎涵盖了正常人的整个基因组。人类基因探针库共定位了7000多个基因克隆，小白鼠基因克隆及探针库也是为人类基因组计划设计的。

那么，这些基因库都有什么用处呢?其实，它们的作用非常大，基因库可以立刻派上用场的如对各种原因导致的染色体异常的诊断及产前诊断。通过基因库调出其基因组图谱，就可以分析判断未来的孩子是否会出现智力障碍，染色体是否异常，产妇会不会习惯性流产，妇女会不会得不孕症，人们会不会患各种疑难病症等，这种预测比起现在B超诊断要高明得多。对癌症的诊断和治疗，可以更快、更好。

# 保护区与基因库

地球上每一物种都有自己独特的基因组谱系，保留基因组谱系就等于保存下来这一物种的基因。有了基因，通过基因技术就能克隆出这一物种，这是保持物种永世长存的先进手段。

人们常常把自然保护区看成是物种基因宝库，道理亦如此。比如东北的长白山，迄今为止还保留着许多珍稀物种，使人们还可以有幸目睹这些生物的美丽尊容。比如东北虎、梅花鹿、紫貂；比如中华秋沙鸭；比如红松、红豆杉、高山红景天、不老草、瓶尔小草；比如极北小鲵、东北林蛙……长白山是地球上同纬度保存下来的最好、最完整的自然保护区，它有茂密的原始森林，有丰富的动物、植物、微生物等资源，有很多珍稀动植物资源是世界上仅存的。如果没有长白山，那么，世界上说不定会少了多少种生物。人们可能看不到今天东北虎的模样，也不知道红松究竟是什么东西了。

当人们还没有掌握基因技术，没有学会克隆生物的时候，我们庆幸这些物种还健在；当人们已经掌握基因技术、学会克隆生物的今天，这就给建立这些物种的基因库，克隆这些生物创造了必要的物质条件。所以，从这一角度出发，可以肯定地说，长白山自然保护区的建立和发展，是对人类的宝贵贡献。称长白山自然保护区是物种基因宝库，当之无愧。

# 转基因克隆

转基因克隆，即把新的遗传信息通过基因片段设法镶嵌到原来的染色体螺旋状链式结构上去，使重组的染色体载上新的信息。这种新的遗传信息，实际上就是按照人的意志事先设计好的方案，比如想要个什么样的孩子，想培育出什么样的生物体、组织或器官，把这种意志通过基因片段转移到新的受体上去，让它融合到重新组合的细胞中。重组是将染色体随着它的细胞核植入卵细胞中，再由卵细胞发育出新个体。这个新个体应该完全符合意志的要求，按照设计的方案给予它的所有信息，克隆出人们想要的孩子，想要的生物种类。

给供体母羊转入促红细胞生成的基因信息，即促红细胞生成素。获得的母山羊产的奶、它的肉都载上了促红细胞生成素的基因，吃它的肉、喝它产的奶都可以获得红细胞生长的机制，可以治疗因红细胞缺乏而出现的贫血病。从某种意义上说，获得了促红细胞生成素基因的克隆母羊就等于一个生产促红细胞生成素药物的“工厂”。

转基因技术用途十分广泛，比如通过转基因技术克隆出与人类皮肤结构相似的猪，当烧伤患者需要植皮时，可以将这样的猪皮当作皮肤源。经测定，这种猪皮在结构上、理化特性上以及功能上均与人的皮肤相似。

# 生命源于太空

美国和意大利近日推出地球生命源于外太空的最新证据。科学家们在两颗几十亿年前曾经在火星与木星之间环绕太阳的陨星上发现了诸如糖的物质。这两颗陨星数十亿年前坠落地球。此前科学界普遍知道，外太空星体上带有诸如氨基酸的物质，它们是构成基本生命的物质。最新研究表明，除了氨基酸外，天外星体上还存在另一种构成生命基本物质的糖。糖是构成脱氧核糖核酸(DNA)的基础，而生物细胞的组成又离不开脱氧核糖核酸。没有氨基酸与脱氧核糖核酸，地球上就不会有生命存在。陨星上发现的糖分子是在外太空时就已经形成的。当然，地球上的物质污染太空、污染陨星的可能也是存在的，也就是说，如果糖在地球上形成，也可能污染到陨星和进入陨星内部。但是，这次发现的陨星糖来自太空的可能性很大，因为这次发现的陨星糖分子结构与地球上糖分子结构有区别。这就为地球上的生命来自外太空的理论，多加了一些证据。

# 微生物工程

微生物是生物界种类多、分布广、个体最小的一类，它们有的有了细胞结构，如细菌、霉菌；有的甚至还没形成完整的细胞，如病毒。微生物虽小，但在自然界的地位十分重要，它是生态系统中有机物的分解者。如果没有微生物，地球上就会堆满动植物干尸，土壤也不会具有肥力，万物也自然生长不起来了。

微生物主要指细菌、真菌、病毒而言，而微生物工程自然是人们利用细菌、真菌或病毒生产生物产品或生化产品的工艺流程、设计实施过程。由于微生物种类太多，所以人们虽然已经开发了大量微生物工程，但与尚未开发领域相比，已知的少，未知的多。从这点出发，微生物工程在生物工程中最有开发利用前途，也最有发展的空间。

微生物工程涉及方方面面，但归纳起来比较重要又为人们所常见的不外乎发酵工程、细菌工程、真菌工程等。

这些工程都有自己独特的方法和步骤，有的已经形成独特的生产工艺流程。正是这些工程，向人们提供着大量的食品、药品、日用品，方便了人们的衣食住行。

# 发酵工程

什么叫发酵？从生物工程角度来说，发酵就是生物的酶分解糖类产生乳酸或酒精以及二氧化碳等物质的整个作用过程。也可以把微生物利用过程中制造工业原料、工业产品的过程统称为发酵。发酵对自然界物质转化和国民经济发展都具有重要的实际意义。

一般来说微生物发酵是有条件的，如需要氧气或不需要氧气，也称作好氧和厌氧；需要温度、水分、光照以及各种营养物质。

人工发酵微生物必须制作培养基，把必要的营养物质加到培养基中即可，只要满足了它们的生长条件，就能达到发酵的目的。

通常培养微生物所需的营养物质有碳源和氮源之分，碳源是产生糖的根本，氮源是补充蛋白质等含氮化合物消耗的关键，碳也好，氮也罢，都是经过转换最终制造生物体——微生物自身的关键。

除了碳和氮，维生素类和微量元素也是微生物生长的重要成分。维生素类很多，除维生素 C、维生素 $B_1$、$B_2$、$B_3$、$B_{12}$ 外，维生素 $E_1$、维生素 D 在合成微生物细胞过程中都不可少。至于微量元素就更丰富多彩了，常见的硒、锰、铜、锌、铝、镁等，再就是要控制适合的酸碱度。

生物发酵方法很多，固体发酵有浅盘培养和深池培养；液体发酵用发酵罐深层培养，方法复杂，工艺流程十分严格。发酵后还有产品提纯和包装以及质量检测工作。

# 菌种

在自然界，各种微生物是与动物、植物以及土壤、岩石等无机物生活在一起的，找不到一种环境中除某种微生物外再没有别的生物的情况。因此，这种各类生物杂居状态给微生物的采集、应用带来了很大困难。比如要筛选酵母菌，人们往往就要到葡萄园、果园，从葡萄、水果上或果树下的土壤里、烂果中来采集样本，回到实验室后再在麦芽糖培养液中活化，玻璃皿中培养选取单个菌株，然后再接到斜面培养基的试管中。这层层筛选，目的就是要把酵母菌从各种菌中分离出来，经过提纯，最后达到获得纯种酵母菌的目的。

有了纯种酵母菌，才能保证最后生产出的产品的纯化，成色、成分都达到生产要求。同样是酵母菌，有产朊酵母，有啤酒酵母，有热带假丝酵母，有解脂酵母。有的酵母在发酵过程中厌氧，有的酵母在发酵中好氧。厌氧的酵母菌发酵时产生酒精，是生产酒的菌种；好氧的酵母菌发酵中使酵母本身不断分裂、生芽系，生产的是酵母本身。

只有能在自然界中获取到菌种才能实现这一菌种的应用，只有掌握菌种的分离、提纯、复壮技术，才能保证生产中有丰富的种源。否则，利用也好，开发也罢，将成为无源之水，无本之木。

# 菌种培养

菌种如同种子，微生物培养离开菌种也不行。常用的方法有菌种筛选法和纯种分离法。就是把含有多种微生物的样品像过筛子一样一个一个地筛选一遍，最后直到获得所需菌种为止。而纯种分离法就是从含有多种微生物的样品中获得纯种微生物的方法，如利用平皿培养基划线法，利用液体培养基稀释法，以及利用单细胞分离法等。

选好种后是接种，即将微生物移种到适于其生长繁殖的人工培养基中去。有些微生物像病毒，要在活体培养条件下生长繁殖，人们往往将这类微生物注射到目的培养物身上。当然，接种的培养基必须是无菌的，所以，接种前必须对培养基进行灭菌。

在平皿培养基上培养一定时间后就要将菌种转移到斜面培养基上，目的是使用、储藏方便，减少感染。斜面培养常常用琼脂等化学成分配制成合成培养基或用土豆等制成马铃薯斜面培养基。方法是配制、灭菌，待斜面培养基凝固后，在紫外线灯光照射下放置 3 天，如果没发现染上其他杂菌，即可用接菌环或接菌针将菌种涂布于固体培养基的斜面上。

生产中还要通过烧瓶、种子罐、发酵罐等对母菌进行扩大培养。把发酵罐菌种接到深层液体培养基也可，接到浅盘或池中堆积发酵培养基也罢，没有菌种，这一切都办不到。

# 灭 菌

微生物培养，无论空气中还是培养基中都必须保证它周围环境没有其他微生物与它竞争。那么，怎样来保证这个条件的实现呢?那就是灭菌。经常使用的有甲醛熏蒸法、硫黄熏蒸法和紫外线照射法。

甲醛熏蒸法就是用高锰酸钾与甲醛按比例混合，通过二者的氧化还原反应产生的气体可以杀死空气中的杂菌，这种方法方便、简单，灭菌效果比较理想。硫黄熏蒸法是把硫黄粉放入容器之中加入酒精后点燃，反应产生的二氧化硫在空气中与水结合生成亚硫酸，亚硫酸是杀死空气中棚顶墙壁杂菌的撒手锏。紫外线灯照射原理则是通过紫外线将空气中的氧变成三价的氧——臭氧，从而达到灭菌的目的。

培养基灭菌包括固体培养基、液体培养基以及发酵原材料的灭菌。这要视待灭物质大小、多少以及状态而定。一般要在高压灭菌器内通过过热蒸气达到杀死杂菌的目的。微生物不同灭菌时间也不一样，一般从 30 分钟到 1 小时不等。

液体发酵罐灭菌则是通过热蒸汽来达到灭菌目的。

# 酵母菌培养

酵母菌培养液浓度，实际上是指培养基中糖的浓度。浓度越高，生产产量越大。但在高浓度下，酵母繁殖旺盛，耗氧量相对也大。所以，一般通风设备很难满足酵母新陈代谢中的耗氧量。浓度过低，影响产量，自然影响成本。

为了维持酵母正常生长，糖度应控制在 1.5～5.5 度为宜。酸度高低亦有较大影响，过高过低同样影响酵母新陈代谢的正常进行和产品产量及质量。如果 pH 值超过 6，酵母色变深，产品质量差，出芽率低，也易染菌。一般控制在 4.5～5.5。生产中可用无机酸或碱来调节 pH 值。用尿素作氮源，产生 $MH_3$ 会使 pH 值升高。可用硫酸铵作氮源，因为 $NH_4$ 离子被酵母吸收后，释出 $SO_4^{2-}$ 离子，会达到降低 pH 值的目的。

温度是酵母菌生长的要素，也是控制酵母生产的主要手段。发酵前期 28℃～30℃为宜，扩大培养以 32℃最佳，发酵高峰以 34℃最好。

一般酵母 45℃停止生长，50℃～54℃即可热死。所以，最适温度应控制在 34℃±2℃为宜，最高以 38℃±2℃为界。

无论固体发酵还是液体发酵，发酵高峰期温度往往超过 40℃，这种情况应采取散热措施。一是通风，二是翻料；液体培养则是加强搅拌。与此同时，培养耐高温菌种是从根本上解决问题的措施。

由此可见，糖度、温度、酸度都是影响酵母菌发酵的关键因素，应该加以关注。

# 摇床培养

微生物的培养方法多种多样，各地可以根据本地条件，创造性地研究自己的方法。根据不同微生物对营养物质的偏好，来选择含有这些营养物质的原料、产品来配制培养基。此外，还必须了解各种微生物对温度、空气、水分、酸碱度等条件的不同要求以及人们对试验或生产的特殊需要，来设计不同的培养方法。如微生物是好氧的，那么培养过程必然要考虑通人新鲜空气，考虑在不停振荡下培养，这就是摇床培养的由来。

摇床培养也叫振荡培养，方法是将微生物接种到盛有液体培养基的玻璃烧瓶后，室温下通过摇床有节奏的振荡，使空气不断地进入培养液表层，目的是促进微生物充分生长发育和积累代谢产物。

有的微生物对温度有特殊要求，如酵母菌其发酵所需温度为28℃～33℃，这样一般室温达不到要求，就必须安装加温设备，适当的增长培养温度，以促使它旺盛生长。有的菌如虫草菌，其适合温度为18℃～20℃，这在夏天也成了问题，在室内外都超过23℃的情况下，就要安装调温设备，可升可降，满足微生物之需要，使它旺盛生长、发育。

二级培养就是这种情况，菌种接人烧瓶之后，就要在摇床上来振荡培养，这是好气性微生物生长发育得好坏的关键。

# 菌种的选育

农业生产讲良种壮苗，微生物生产也要讲良种壮苗，以微生物发酵为基础的发酵工业，要提高产量、质量，要降低生产成本，就必须选育优良的生产菌种。那么，选育菌种最关键是育种。

育种的方法有三个：一是生产选育，二是定向变异，三是诱变育种。

生产选育也叫自然变异，微生物性状的变异，一般来自脱氧核糖核酸(DNA)分子的变化，DNA 成分与结构的改变，往往来自突变。这种突变叫自然突变。微生物生产中经常会有个别菌苗的突变，这个突变个体往往就是我们要找的优良性状菌种，把它从群体中分离出来，应用于生产，就可能实现高产的目的。这种自然形成，筛选良种的方法，就叫自然突变的育种，也叫生产育种。

定向变异则是人为地利用微生物易于变异的特性，通过控制环境条件来定向驯化，使它向我们需要的方向变异。例如：可以通过不断提高温度、浓度、酸度来驯养耐高温、高浓度、高酸度的酵母菌菌种。

至于诱变育种是在研究清楚诱发机制的基础上，选择合适的诱发因素、处理剂量及处理方法，利用诱变剂达到微生物产生变异的目的，以获得良菌的方法。诱变剂的作用主要是损伤或改变 DNA 结构，导致其变异。方法有物理诱剂和化学诱剂两类。物理诱变往往采用紫外线，x 射线、γ 射线等，如用 15W 紫外灯，在暗室中照 20～30 分钟，处理后用黑布包起来放入恒温箱培养。化学诱变则用硫酸二乙酯、亚硝酸等，诱变处理后大部分细胞死亡，存活下来的细胞变异就可能是优良菌种的前身。

# 固体发酵

固体发酵工艺是门很古老的技术，它有几千年的历史了，人们利用发酵制造食品、干酪和生产堆肥。固体发酵虽然机械化程度不高，且容易染菌，但产量高、简易、投资少、能耗低，所以，至今仍被人们广泛使用。比如酿造酱油、食醋、酒等，若用液体发酵难保持原有风味。

按理论推算，固体发酵产品可能是液体发酵产品的 3 倍，比如一个年产 150 立方米酶的工厂，其投资回收率为 102%，一年可收回成本。

目前，固体发酵被广泛应用在薯渣、甜菜渣制取柠檬酸，制取果胶酶、凝乳酶、细菌淀粉酶、核糖核酸酶、纤维素酶、生物饲料添加剂以及赤霉素、细菌肥料、豆类发酵食品等生产加工方面。

要使这一古老工艺跟上时代发展的步伐，就必须在工艺改造上、机械化、自动化上下功夫。

传送带发酵器是由一组传送带来完成，预热、冷却、接种、培养、烘干一条龙。

转鼓发酵器是安装在旋转的装柱系统上，转速 1～1.8 转 / 分钟，发酵器为气动鼓，拌料、接种、通风、培养、干燥都在鼓中进行。用硫酸清洁空气。

# 菌种保藏

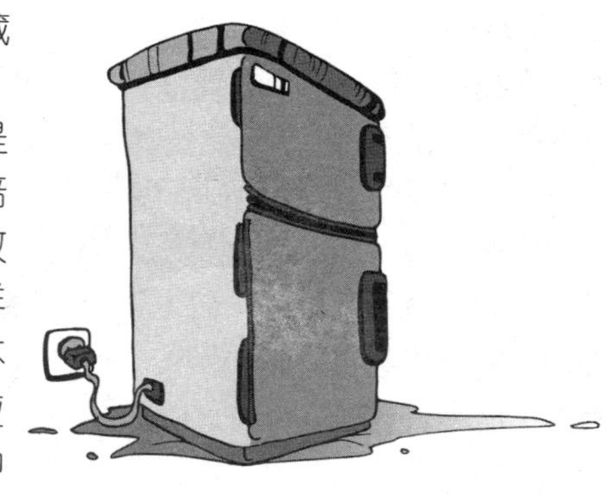

微生物培养中，菌种的保藏方法很多，一般有以下几种：

斜面保藏法。这种方法就是将菌种接种到固体试管斜面培养基上，等菌体生长丰满后，放在4℃左右的冰箱中保存。这样的菌种通常3个月内使用都不会降低活性，因此，每3个月应转管一次。转管就是重新把菌种接到新鲜的试管斜面培养基上。

矿油保藏法。这种方法是将生长良好的斜面试管菌种，在无菌条件下倒入已经灭菌的液体石蜡，蜡油要浸过斜面上端1厘米，待凝固，垂直放在冰箱内保藏。此法由于具有低温、缺氧双重条件，所以保存效果较好，两年内不会出现问题。只是注意选择液体石蜡时，不应含有毒物。此法不可用于发酵烃类的酵母菌保藏。

真空冷冻干燥法。这是目前较先进的方法，具有低温、真空、干燥三大特点，保存期可达数年之久。此法过程麻烦，设备操作需有一定技术，一般先在低温条件下使菌种悬液呈冻结态，接着减压干燥。由于这样容易造成微生物死亡，应事先加入保护剂。如加牛奶(脱脂)、血清等。比如保存酵母菌，需将经过灭菌的脱脂牛奶与酵母细胞制成悬浮液，然后装入灭菌后的安瓿瓶中，在冷冻情况下抽真空半小时，再移到-15℃冰盐水中继续抽空气1小时，最后在室温下抽气半小时。此时安瓿瓶内全部干燥，菌液呈白色疏松状。最后封口放入4℃冰箱保存。

# 糖与发酵

使用有机废弃物来作为微生物发酵的碳源和氮源，有时得经过必要的处理。比如它们中含有的纤维素、半纤维素和淀粉，是由许多个单糖连接成长链大分子有机物，只能通过催化剂作用，才能水解成单糖。这些催化剂有酸、碱、纤维素酶、半纤维素酶、淀粉酶等。由于大分子多聚糖分解成单糖是在水的参与下完成的，故叫水解。

工业上普遍用的酸催化剂为盐酸和硫酸。盐酸催化效能较强，但37%的盐酸却不能溶解纤维素。使用时要通氯化氢，使盐酸浓度达40.8%以上才行。温度以25℃最佳。硫酸作用多糖甚烈，纤维素投入冷的浓硫酸溶解甚快，迅速脱水成碳，变黑，故不能用其溶解多糖。工业上纤维原料水解采用0.3%～1%浓度稀硫酸，装料入水解液时，以0.4%～0.5%为好。温度不低于160℃。

水解液含酸量大、杂质多，发酵前需中和与净化。中和可在85℃温度下通入石灰乳，首先中和硫酸，之后是有机酸，如甲酸、醋酸、糠醛酸等。当pH值为4～5时，水解液由黄变暗褐，此时为终点。

水解液中和后，沉淀物通过过滤或澄清处理后，将沉淀及悬浮物从中分离出去，即为净化。

# 生产饲料酵母

通常来源丰富、价格便宜的加工剩余物中适合培养微生物酵母的有四种：

一是糖质原料，如生产淀粉后排出的糖化液；纤维素酸水解后排出的水解液；造纸厂排出的亚硫酸纸浆废液以及糖厂剩余的糖蜜等。

二是糟粕，如酒精厂造酒后所得的酒糟；植物油厂浸榨油后所得到的豆粕、菜籽粕、棉籽粕；酱油厂、醋厂造酱油、醋后所得到的酱粕、醋粕；味精厂排出的大米液化渣以及果渣。

三是石油原料，如正烷烃、天然气、柴油。

四是化工原料，如醋酸、甲醇、乙醇、氢气和碳酸气。

我国每年仅稻草、谷壳、麦秆、棉子壳、玉米芯五项，就达 4 亿吨以上。若水解一半，可得酵母 3000 多万吨。

木材造纸后大量排放的亚硫酸纸浆废液，是国家治理环境的重点监督项目，因此企业每年要缴纳大量环境费；如果将它作为生产酵母的原料，一举多得，是企业发展的长远决策。我国年产纸浆 30 多万吨，如用其生产酵母则可得 1.2 万吨以上。

# 细菌工程

细菌工程即利用细菌来生产各种国计民生必需产品的工程。它包括菌种的选择，菌种的培养与扩大繁殖。直接使用菌类，像生产微生物农药，生产细菌武器，则可以把繁殖出来的菌类处理后包装起来就行了。只不过微生物农药要加入稀释剂，细菌武器要把它埋藏于可发射的弹头里。如果要通过微生物特别是细菌来提取代谢产物，那还必须有提取、分离、干燥、包装等加工工艺。

在微生物中细菌是构造最简单、繁殖最快的一类，一旦满足它们生长繁殖的条件，它们的繁殖速度是惊人的。据专家们测算，细菌中的杆菌类，12.5 秒钟就可以繁殖一代，这类细菌在 24 小时内可以繁殖 $4722 \times 10^{21}$ 倍，这些繁殖出来的细菌总重量可以达到 $4722 \times 10^{3}$ 千克，一个接着一个铺起来足以覆盖地球表面。这样的繁殖速度是好事也是坏事，利用细菌来生产微生物农药，它繁殖得越快越好，不但能降低成本，而且使用后它对害虫杀伤的面积也会自然扩大，防治效果容易使人满意。但是，正像大家都知道的那样，有很多细菌会致病于人类或生物界，一旦它肆无忌惮地繁殖开来，地球上充满各种细菌，那时，会成为人与其他生命物体的灾难期。人类繁殖细菌本想利用它为人类服务，结果却给自己种下了苦果。所以，细菌工程虽然十分重要，但不可盲目上马，必须谨慎行事。

# 酵母菌体的分离

一般来说，酵母菌成熟培养液中，酵母干物质只占 13~15 克／升，要制取成品干酵母，就必须对其进行分离、浓缩与干燥。

酵母菌的分离方法有两种，即沉淀分离法与机械分离法。

沉淀分离法：一般沉淀法速度较慢，沉淀时间较长。根据添加物的不同，又有化学法与生物法之区别。化学法加碱提高 pH 值，使酵母沉降；生物法加入串珠菌，形成絮状沉淀。机械分离法：用离心机将菌体分开。目前，所采用的分离工艺有浮选、分离、浓缩收集。主要设备有双筒洗涤器、离心分离机。

浓缩主要在高效真空蒸发浓缩器中进行，经三级高速酵母离心增浓后，进行喷雾干燥。最后把所得到的酵母成品包装出厂。

# 苏云金杆菌

在微生物农药家族中，有一种叫作苏云金杆菌。目前广泛被应用在农林害虫的防治上，有不少大中药厂把苏云金杆菌当成主打产品。那么，苏云金杆菌是怎样得来的呢？

苏云金是地名，位于德国。1901 年，从苏云金这个地方收集来的死蚕体中分离出一种叫猝倒杆菌的细菌。到 1911 年，在苏云金的面粉厂里的粮食中有一种叫地中海粉螟的昆虫，当其幼虫感染上猝倒杆菌后，会很快死亡。后来人们就把猝倒杆菌叫作苏云金杆菌，一是为了纪念这个事，二是为了纪念这个地方。

首次出现苏云金杆菌制剂则是 1958 年，此时离发现苏云金杆菌已经时隔 50 年。但此后对苏云金杆菌开发发展很快，到 1959 年，世界上已经生产出系列产品。后来，美国、法国、苏联相继成为苏云金杆菌等微生物农药生产大国。1964 年，中国也在武汉成立了生产苏云金杆菌等微生物农药的工厂。改革开放以来，各地纷纷建设微生物农药厂开始大规模生产。

近年来，国际微生物制剂市场十分兴旺，每年成交额都在几百亿美元以上，这预示着苏云金杆菌等微生物生产有较大的培养前景。

# 苏云金杆菌杀虫谱

苏云金杆菌可以对 150 多种昆虫产生不同程度的致病和毒杀作用，包括农业、林业和仓库害虫。对消化物呈碱性的害虫效果更好。比如对玉米螟，稻螟蛉等。我国十多个省(市)都应用苏云金杆菌，因为它相对来说，对人畜安全，对其他生物无毒害，对环境污染少，再就是它能保护天敌，也不影响烟、茶、果等的色、香、味；有较好的稳定性，可长期保持其活性。一般施药后能维持 15 天。由于苏云金杆菌具有专一性，因此这也限制了它的使用范围。

利用苏云金杆菌防治蔬菜害虫效果也很理想，如菜粉蝶、小菜蛾，24 小时死亡率达 70%～80%，使用时可加入 90%晶体敌百虫或 80%敌敌畏乳油 1400～2000 倍液，效果更明显。

应用苏云金杆菌防治粮食害虫，比较突出的是防治三化螟。使用时每 667 平方米用药量要控制孢子数在 1 万～2 万亿为宜。可添加少量药剂，添加量不宜超过 1/5。施药时间最好在三化螟卵盛孵之前，一般以 3 次左右最好。注意施药要均匀，田间有一定湿度效果会更好。

# 细菌杀虫剂

细菌杀虫剂的防治效果在很大程度上取决于使用技术。施用细菌杀虫剂，除考虑菌剂本身的特性外，还应该考虑害虫的习性、寄主植物和环境条件等因素。为了达到理想的防治效果，必须选用质量好的菌剂，选择适宜的施药时间，施药次数、方法和用量。

菌剂的质量和用量直接影响效果。保证质量，才能保证杀虫毒力。菌剂的质量是以其活孢子数及其致病毒性作为标志的。而用量则根据对象而异，浓度根据粉剂规格和防治害虫种类进行一定换算。

我们知道，菌剂多数是喂毒剂，害虫须吃到体内才能中毒。因此，食量、食物性质都是变化因素，关键是设法提高摄入量。这就有必要来研究害虫生物生态学特性，了解它在什么时候、什么情况下食量最大，把时间算准，提前量计算清楚，就能收到较好的防治效果。一般害虫在3～4龄时进入暴食期，此时食量大增，赶在此前施药，效果自然会好。有些枝干害虫长期钻在枝干中不出来，就更要赶在其显露期前来防治，效果会更好。

# 病毒防治害虫

病毒体积小，一般以纳米来计算。大的病毒也只能相当于小的细菌，小的病毒则相当于蛋白质分子。病毒不能在光学显微镜下观察，只能用电子显微镜来观察研究。

昆虫体内病毒是昆虫致病的重要因素，它不但能妨碍昆虫的生理机能，而且可以打破昆虫的新陈代谢规律，导致昆虫死亡。正因为如此，专家们才把昆虫病毒也拿来作为防治害虫的一种手段。

当然，有些病毒能把昆虫作为中间寄主，当其他动物摄入含有病毒食物时会由此发病甚至死亡，这是应当注意的。比如乙型脑炎，就是病毒感染蚊子，蚊子再在叮人时将病毒传入人身。但是，病毒更多的表现是感染对象的专一性，什么病毒感染什么昆虫，一般不交叉感染。新中国成立以来，我国农林业生产中应用病毒防治农林害虫，已经很广泛，很普及了。而且各地也十分重视。据不断地观察与研究，仅仅能够感染昆虫及螨类的病原病毒，就达千种，这些病毒分属九个昆虫的目。有七类病毒经“国际病毒命名委员会”及其执行委员会审定其属名或相近的属名以及病毒组的名称。

# 抗 生 素

我们常用的抗生素，主要是各种微生物所产生的化学物质，比如青霉素、链霉素、金霉素、庆大霉素等等，无一例外。那么，微生物为什么能产生抗生素，这些抗生素又是怎样从微生物身上提取出来的呢，这又涉及发酵工程。

从放线菌身上提取的土霉素、四环素、红霉素、卡那霉素也是微生物发酵的产物。

为了获得不同的抗生素，先要培育产生这些抗生素的霉菌、放线菌，在菌种制备后，通过扩大培养再到车间进行液体深层发酵，最后提取、干燥，就得到了我们熟悉的各种抗生素。如用金霉菌制取金霉素，用土霉菌制取土霉素以及用青霉菌制取青霉素，方法皆如此。

也有从高等动植物组织中提取抗生素的，还可以通过化学合成来完成，如生产氯霉素和丝氨酸。在生产中改变抗生素的化学结构，也可以获得性能更好的新抗生素，比如半合成的新型青霉素。我国医学上抗生素运用十分广泛，以治疗微生物感染性疾病为主的抗生素，在消炎抑菌，恢复组织活力上发挥着重要作用。近来，畜牧业、农林业在动植物病害的防除上也大胆地使用抗生素，用在食品保鲜上效果也很明显。

# 真菌繁育工程

真菌繁育工程主要包括七大工艺流程，即培养基制备、消毒与灭菌、菌种的分离与选育、菌种生产、菌种保藏、栽培技术、加工利用等七个环节。

培养基制备，这是真菌繁育的基础。培养基是真菌生长繁育的温床，是人工配制的含有各种营养成分的基质。常用的有琼脂培养基、固体培养基和液体培养基三种。琼脂培养基又分天然培养基和合成培养基及半合成培养基三种。

培养基配方后，必须高压灭菌，在121℃，每平方厘米1～1.5千克，128℃条件下灭菌30～45分钟，固体培养基甚至灭菌1～1.5小时。灭菌后琼脂培养基在斜面培养时，须摆成斜面。

菌种生产是将已经筛选出的菌种进行扩大培养阶段，从斜面菌种再到三角烧杯、大烧杯直到适合生产用量才行。扩大培养是从琼脂培养到液体培养，再到固体培养的过程。固体培养要改变培养基成分。

菌种保存是指把斜面菌种在冰箱中长期存放，要求温度为0℃～4℃，同时要定期转管复壮，以防菌种退化。

栽培是生产的中心环节，是收获真菌的手段，在将菌种接到培养基前，要制作好培养基，以满足它们生长发育的必要条件。子实体长成后，要经过加工处理后才能上市出售。

# 真菌生长条件

高等真菌生长发育时不但要有足够的营养，而且还要有适宜的环境，这两点缺一不可。所谓营养，主要有四项要素：一是碳源；二是氮源；三是无机盐；四是生长素。碳源是真菌细胞在代谢时所需要的糖源。如碳水化合物，而纤维素、半纤维素、木质素、淀粉、果胶、戊聚糖、醇和低分子有机酸都是组成碳源的物质。碳水化合物经菌丝细胞产生的胞外酶分解，生成葡萄糖、阿拉伯糖、木糖和果糖。氮源指能被真菌吸收利用组成自身细胞成分的物质，主要是合成蛋白质与核酸。其含量以 0.016%～0.064%为宜。实践证明，C/N 以 20：1 较好，繁殖阶段以 30～40：1 合适，草菇为 40～60：1；香菇则以 25：1 为宜。不同真菌所要求的比例也不一样，不能千篇一律，要在实践中不断摸索。

无机盐类营养元素是细胞代谢过程中的重要成分，用量不多但作用甚大，缺了不行。常见的无机盐类有磷、钾、硫、钙、镁、铁、钴、锰、钼、硼等，它们来源于矿物之中。

生长素则主要指维生素类，有 B 族维生素 $B_1$、$B_2$、$B_6$、$B_{12}$，维生素 C，维生素 A 以及维生素 D 等，也包括维生素 PP。这四大要素在真菌生长发育过程中也不是任何时候都一个样，实际上不同生长阶段需要的量各不相同，这是真菌培育或栽培过程中必须解决的问题。

# 真菌生长温度

真菌多半以孢子形式越冬或度过不良环境，孢子萌发的首要环境条件是温度。孢子萌发的温度随种类不同差异很大，有的0℃～15℃即可，有的则需要15℃～24℃，甚至有的高达40℃以上，如草菇，其萌发温度高达45℃。所以，真菌生产必须先摸清其所需温度。

除孢子萌发外，其子实体分化、生长，菌丝生长也需要一定的温度。如蘑菇菌丝在25℃时长得最好，子实体分化要求16℃左右。榆黄蘑子实体分化最高温度为28℃，最适温度为24℃。真菌中菇类对温度的反应分恒温和变温两类。恒温的有木耳、猴头、灵芝、草菇等，恒温型真菌低温处理对子实体形成无促进作用。变温型的有香菇、平菇、金针菇等，低温条件有利于原基分化，也有利于子实体形成。

真菌种类丰富，几乎每一种都有它自己独特的生物生态学特性，对温度的要求也各不相同，因此，生产栽培真菌，首要问题是掌握其生物生态学特性，尤其是掌握其整个生长发育过程所需要的温度范围，只有这样，才能长好真菌，丰收真菌。

# 真菌栽培湿度

实际上除了营养、温度外，基质的含水量和培养环境的空气相对湿度对真菌的生长发育影响最大。

因为凡是有机体其细胞新陈代谢离不开水，子实体生长、菌丝体发育也离不开水分条件，细胞贮藏营养，运转养分必须借助水的帮助。所以，基质含水量是十分重要的条件。通常基质含水量要求在 60%左右，如蘑菇播种时，堆肥最适含水量为 60%～65%，高或低都会减产。生产中可以观察到，基质含水量为 40%～50%时，菌丝生长缓慢，数量明显少，有时甚至不形成菌丝束。当基质含水量 60%～65%时，菌丝束形成占优势；而基质含水量超过 75%时，菌丝反而停止生长。所以，人工栽培真菌，必须控制好湿度。像猴头基质含水量为 60℃～70℃，低于 50%高于 80%都不行。用木段生产真菌，含水量以 35%最佳。

相对湿度是空气中水蒸气含量的百分数，它是影响空气流通、水分蒸发的因素，大了小了都影响真菌生长。覆土含水量也是影响水分含量的因素，所以，覆土含水量要控制在 60%～65%为宜。一般从地下 30～60 厘米深处挖出的土，只要不是刚下过雨，其湿度都会基本符合生产要求。

# 真菌生长酸碱度

高等真菌在生长发育中受酸碱度及二氧化碳影响很明显。如酸性环境容易影响菌丝细胞内酶的活性、细胞膜的透性以及对金属离子的吸收能力。而碱性环境又容易生成不溶性盐，而不溶性盐不能被菌丝吸收利用。pH 值在真菌生产中也是不可忽视的重要因素，一般来说，人工培育高等真菌基质偏酸性，pH 值控制在 3～8 比较合适，尤以 6～6.5 最宜。

而二氧化碳是真菌细胞在代谢过程中分解糖类的重要介质。空气中氧含量为 21%，二氧化碳含量为 0.03%，当空气中二氧化碳浓度增高时，氧分压就势必降低，这就直接影响了真菌的呼吸活动，有碍生长与发育的正常进行。当然，也有个别真菌对氧分压降低不特别敏感，像平菇、香菇、木耳、金针菇等。但猴头、金顶蘑不行。

真菌的子实体形成后，其呼吸作用旺盛，需氧量也急剧加大。当二氧化碳浓度达到 0.1%时，子实体甚至表现出中毒状。如灵芝，其子实体在二氧化碳浓度 0.1%的环境中就不形成菌盖，菌柄也分化成鹿角枝状；当二氧化碳浓度达到 10%时，甚至不会出现任何组织分化。这也正是灵芝在深山老林中长得好的道理。

# 高等真菌

真菌属低等植物，也因其不开花结果，以孢子进行繁殖，所以又叫隐花植物。如菇、菌、蕈、耳。真菌中有些具有明显的子实体，为了把它们与微生物中的菌类分开，就把具有明显子实体的叫高等真菌。

像这样子实体肥大、肉质或革质的真菌，大概不少于 6000 种，其中可食用的约 600 种；还有一部分是药用真菌，200 种以上。这些真菌在分类上绝大多数属于担子菌亚门，少数则为子囊菌亚门。两者的区别在于有性阶段孢子产生方式不一样：担子菌有性孢子着生在担子上，如灵芝、猴头、银耳、香菇及牛肝菌；子囊菌有性孢子则着生在子囊内，如虫草、羊肚菌和竹黄等。

菇类一般由两部分组成，即菌丝体与子实体。菌丝体似“根”，功能在于形成菌索或菌核。多细胞的菌丝由细胞壁、细胞质、细胞核组成。担子菌菌丝细胞内含两个细胞核，又叫双核菌丝。

子实体形态多样，蘑菇伞状、平菇贝壳状、鸡油菌漏斗状、牛舌菌舌状、猴头头状、珊瑚菌珊瑚状、马勃梨状……

子实体由菌盖、盖褶、菌柄组成，有的还有菌环、菌托。

孢子产生在子实体表面，是真菌的繁殖器官。真菌的孢子数是惊人的，如鬼伞 52 亿个、蘑菇 160 亿个、多孔菌 500 亿个、树舌 5.46 万亿个、马勃多达 7 万亿个，孢子释放时，形成烟雾状的“孢子云”。

# 真菌的生活史

高等真菌的生活史很有趣，菌丝体、子实体功能明确,配合极其密切。

子实体是繁殖体,而往往以菌丝体越冬。一经条件成熟,菌丝体便会产生子实体,并释放出孢子,于是真菌进入了有性繁殖阶段。如果条件恶劣,不适于繁殖,菌丝会老化产生无性孢子,这时对真菌来说就进入了无性世代阶段。菌核是度过不良环境的有效形式,一旦条件得到改善使其恢复生长,它便进入有性繁殖阶段。

高等真菌生活史中从孢子萌发开始,先长出芽管,然后芽管顶端生长分枝,继续发育成菌丝,经过质配,每个细胞中形成双核,即双核化过程,再形成子实体,子实体上的担子经核配形成双倍体,双倍体的细胞核经过减数分裂形成担孢子。

担孢子萌发形成双核孢子,双核孢子继续发育,分化为厚垣孢子和次生孢子。这就是孢子萌发形成菌丝体,菌丝体发育后形成了实体,子实体再发育形成孢子的整个过程。

高等真菌菌丝体能繁殖,子实体释放出的孢子也能繁殖,在生产中以保存菌丝体为主,因为这样发育成子实体往往更直接,周期短、时间快,收获自然也丰盛。

# 真菌营养方式

高等真菌属异养性生物，它自身不能合成营养物质，只能通过菌丝细胞表面的渗透作用，从周围基质中吸收可溶性养料。它们的营养方式大体有三种类型：即腐生型、寄生型和共生型三种。

所谓腐生，就是从已经死亡或部分死亡的生物体中吸取营养，来完成自身的生长发育和繁衍后代。像生长在朽木上的、粪草上的、腐土上的都属于这类真菌。木耳生在风倒木、站杆上或用阔叶树做篱笆的墙上。榆黄蘑长在榆树的风倒木上，腐土中长鬼伞、马勃，烂草堆中长草菇。

寄生的高等真菌，主要长在活的生物体上，比如天麻，它的菌丝寄生在植物体活细胞中，密环菌的发育与环境因子关系相当密切。

共生在高等真菌中更为常见，高等真菌与植物、与昆虫、与原生动物或其他菌类形成相互依存、相互制约的共生关系，如菌根菌、菌丝具有更大的吸收表面积，可以帮助树木吸收土壤中的水分和养料，并能分泌激素刺激植物根系生长；树木则能为菌根菌提供光合作用所合成的碳水化合物。这类真菌有的具有独特的药用价值。共生真菌种类很多，如块菌科、牛肝菌科、口蘑科、红菇科、鹅膏科中的许多常见真菌，如口蘑、松乳菇、大红菇、铆钉菇、美味牛肝菌、橙盖鹅膏等，比较名贵的松口蘑、鸡菌、虫草菌都是共生真菌的典型例子。

# 虫菌共生

真菌与昆虫互利互惠形成有趣的共生关系，在自然界里很多。这也是一种奇特的生态现象。比如，蚂蚁、白蚁都会“栽菌”，这常常被人们传为佳话。仅热带地区蚂蚁种类就多达百种，其中巴西有一种蚁叫切叶蚁，这种蚁有一种习性，就是不断地采集树叶，拖到蚁巢内建筑菌圃。菌圃很大，酷似小的苗圃。其面积有100平方米大小，试想，蚁与菌圃相比，大小相差多少倍！我国南方的白蚁很多，走进密林深处蚁穴随处可见，有一种鸡菌，其菌柄伸人蚁穴从蚁巢内长出，菌圃上则长出白色的菌丝球。这种菌丝球营养特别丰富，蚁穴内的土质营养成分非常适合鸡菌的生长发育，而鸡菌的菌丝球又是白蚁很好的食物，于是鸡菌与白蚁形成互相依存的共生关系，这是虫菌共生的典型。遗憾的是这种名贵真菌至今不能人工培育成功。

松口蘑即松茸，是真菌与高等植物共生的典型。松茸长在赤松林，要求树龄在60年以上，赤松在长期的生长发育过程中，通过代谢、更新产物在树的周围形成一定范围的特殊土壤，这种范围围绕赤松树木一圈，圈内是适合松茸菌丝体生长发育的蘑菇圈。没有这种环境，松茸绝对长不成。

金耳的子实体是金耳与粗毛硬革构成的复合体，从金耳剖面看，胶质的可孕层是金耳菌丝构成，而革质的不孕内层难于获得金耳菌丝，因此，有人主张把它叫作胶包革菌。

# 真菌的食用价值

真菌的价值要从两个方面来考虑，即生态价值、经济价值。生态价值在前面叙述微生物时已经讲过，这里不再赘述。经济价值主要体现在两个方面，一是食用价值，二是药用价值。

食用真菌在世界上已经有几千年的历史，有些民族甚至对食用真菌存在着崇尚心理，而食用真菌或叫食用菌，它们当中确实不乏一些十分名贵的山珍美味。比如鸡菌、竹荪、口蘑、香菇、羊肚、猴头、松茸等，其中松茸享誉中外。食用菌是食文化的重要内容，说它好更因为它们含有独特的营养成分，具有较高的食用价值。

一般来说，菇类的蛋白质含量普遍高于蔬菜，鲜菇蛋白质含量占1.5%～6%，干菇为15%～35%，有的可达44%，所以，有人称蘑菇为“植物肉”，道理即在于此。据营养专家测算，1千克蘑菇所含蛋白质相当于2千克瘦肉、3千克鸡蛋、12千克牛奶。

蘑菇也是天然食品中维生素的重要来源，如蘑菇、紫晶蘑、木耳等含有丰富的维生素$B_1$。比如麦角甾醇经紫外线照射后可转变成维生素D，而菇类所含的麦角甾醇十分丰富，在干香菇中含量高达每克128～400个国际单位，而大豆仅含6个国际单位。鲜菇中维生素C含量达206.27毫克/100克，这比一般水果和蔬菜也高。

# 真菌的药用价值

高等真菌的药用价值也有悠久的历史，成书于汉代的《神农本草经》及以后的本草学著作，对灵芝、茯苓、猪苓、马勃、冬虫夏草、蝉衣、木耳等病疗实践都有论述，很多方法沿用至今。药用菌现已定出种名的超过几百种，而以伞菌、多孔菌、腹菌最为突出。

灵芝滋补强壮有奇效，近又发现它对慢性气管炎、高山病、急性慢性肝炎，以及进行性肌营养不良均有疗效。在治疗心肌炎、冠心病、胃溃疡等疾病的药物中，是为主药。紫芝、薄树芝、树舌也有很高的药用价值。

药书中的茯苓方剂，有渗湿利尿、健脾安神作用。虫草历来为强壮、镇静的良药，还有避孕作用，虫草滋补不亚于人参。银耳除滋补外，对老年人慢性气管炎、肺源性心脏病、慢性胃炎也有一定疗效。木耳对腰酸腿痛、抽筋麻木、阻止血小板凝固、减少动脉粥样硬化均有一定作用。香菇能降胆固醇，香菇中的腺嘌呤是缓解胆固醇增多的因素，日本人青睐香菇，据说也在于此。云芝制取肝肽，可治疗迁延性肝炎，慢性肝炎，云芝中提取的蛋白多糖体(PSK)能增强机体的免疫力，有抗癌作用。猴头对消化道溃疡，有一定作用，假密环菌治疗胆道急性感染，天麻治疗风湿症，都有较好表现。200 多种真菌可生产抗生素，150 多种真菌，对肿瘤有抑制作用。

# 孢子弹射分离法

孢子弹射分离是蘑菇菌种分离的一种方法，用于菌种的选育工作。孢子弹射分离法主要有种菇选育、灭菌、弹射分离三个步骤。

种菇选择，目的是得到理想的菇种，所以，采摘时间、菇形、色泽、菌肉菌柄是否结实粗壮都要考虑。一般秋季选种，菌盖6～8厘米、鲜重100～150克，当幼蕾2厘米时就要选定目的，跟踪观察，以便选优去劣。选定目标后可加强培养。

采摘后，将菌柄剪去2/3，用清水洗去粘附的污物，用0.1%升汞溶液处理2分钟，再用水冲净升汞残留物。再用乙醇(75%)、20%过氧化氢0.1%～0.2%高锰酸钾表面灭菌，后用纱布吸干。

弹射分离要用弹射分离装置，用一个直径为13厘米的大培养皿做底盘，上罩一个直径9厘米的小培养皿，小皿内放一不锈钢架用来插种菇，再罩一玻璃钟罩。整个装置在每平方厘米15千克压力下灭菌15分钟后再用。

分离在无菌室内进行，打开钟罩，插上种菇，罩好钟罩，罩底垫一层脱脂棉，倒入0.1%升汞溶液，防杂菌侵人，18℃～20℃培养1～2天，种菇开伞弹射孢子。中止弹射后，用纱布沾0.1%升汞擦一遍钟罩外部，移入无菌室，取出种菇，收集孢子或培养或保藏，弹射分离过程也到此为止。

# 选育菌种

一般来说，选育蘑菇菌种先挑选单孢菌株，然后从菌落形态上进行复选，再经过抗逆和吃料两项试验，出菇后还要进行鉴定等。挑选单孢菌株即菌落长到绿豆粒大小时，那些菌丝浓密、清晰、整齐、不倒伏、不干瘪的，生长势强，培养基反面可见一圈圈年轮似斑纹的单个菌落，连同琼脂移到斜面上。在 20℃～22℃下继续培养。当蚕豆大小时，培养温度降到 14℃～16℃，菌落长到斜面 1/2 时，再降到 12℃～14℃，直至长满试管。复选是菌丝长到培养基 1/2 时，把气生型菌丝作为菌种挑出。入选的菌株应具备如下特点：菌丝粗壮浓密，清晰整齐，生长势强，在高温下不倒伏，不干瘪，基质菌丝扎得深，培养基反面可看到年轮状的斑纹。

抗逆试验和吃料试验即菌丝长到 1/2 管时，转入 35℃培养 24 小时，再放回 22℃～23℃培养。高温下能继续长好的，或恢复常温能继续生长的可保留。

挑选不同湿度下能长的菌株，去掉偏湿偏干的剩下的在粪草培养料上培养，观察吃料情况，以 2 天内菌丝恢复生长，8 天内长入培养料呈红棕色，菌丝前端挺直粗壮，排列整齐清晰，呈蒲扇形的选为菌株。

# 真菌的组织分离

以蘑菇为例，蘑菇的个体发育有这样几个次序，先形成菌柄，接着是菌盖，最后是菌褶，而菌褶两侧的子实层细胞最年轻，因此，子实层菌丝具有更旺盛的恢复生长能力。另外，子实层菌丝抗逆性强，存活时间长。所以，如果用保存干菇做分离材料，取子实层细胞接种，成功率最高。从子实层长出的菌丝，是从幼小担子和囊状体以及子实层细胞发育而来，是生殖细胞转变成营养细胞的结果，因而具有较强的活力。这种分离方法国外已经使用多年效果较好，但此法只适于有菌幕保护的蘑菇，如草菇、蘑菇、鬼伞等。

选尚未开伞的幼嫩草菇菇蕾，经表面灭菌处理后，剥去对菌幕，用手术刀剖开菇蕾，剖面露出粉红色幼嫩菌褶，用接菌针挑取1~2片菌褶，接种到斜面培养基上。与用菌肉组织分离所得菌种相比，此法菌丝生长快，气生菌丝致密，而且那些在不良环境下才长的厚垣孢子明显少。再就是用此法接菌后定植快，抗逆性好，出菇时间可提前2~3天。

# 单孢育种

所谓单孢育种，就是把分离得到的单个孢子拿来进行育种。这种育种要掌握孢子萌发的几个条件。每种真菌的孢子都有一定温度范围，在这个范围内它才发芽。比如草菇，25℃以下，45℃以上均不能发芽。30℃时只有少量孢子萌发，40℃萌发最多。培养基上孢子密度也是影响萌发率的因素。将孢子放在蒸馏水或 0.05%磷酸盐缓冲液中过夜，萌发率可显著提高，浸泡时间为 22～26 小时作用更好。

# 单孢杂交育种

有些单孢菌株是不能结出子实体的，这就必须通过杂交手段使其结出子实体。比如香菇担子上有四个担孢子，可以分成两个偶极同源组。就是说甲与乙交配，丙与丁交配，甲不自交，也不与丙、丁交配。这四个孢子本无形态差异，但通过交配证明，菌丝双核化并形成锁状联合，交配成功，不形成锁状联合，交配则失败。根据此原理，在一株供试时可同时在周围接种五株，然后取连接处菌丝观察锁状联合形成情况。

通过交配反应，确定孢子的极性，杂交工作就方便了，举例如下：在斜面培养基的中央接种 1 号株，几天后形成小菌落；然后在 1 号株 2 厘米处接种 3 号株。当两个菌落接触后从 1 号株中取一小块琼脂的菌丝体移到试管培养，再从 3 号株中取 1 小块带琼脂的菌丝体移到另一试管培养。

# 褶片贴附分离法

褶片贴附分离法是真菌菌种分离的一种常用方法，此法是先将制备好的斜面培养基放到温箱里，干燥 1～2 天，当试管壁上没有游离的水时，即可供分离之用。

选八分成熟的菇类做分离材料，在黑暗处通过手电筒的光束，可以看到孢子弹射的情形。一般孢子由基部靠近菌柄的一端先成熟，之后呈带状向前缘推移，菌盖前缘隆起处是孢子弹射最活跃的部位。因此，在此处剪下 1～1.5 厘米宽的菌褶一段，用眼科医生常用的膝腿镊子取下 1 片菌褶，贴到斜面上方试管壁上，然后竖着将试管放到广口瓶或纸盒里。在瓶底部放一层棉花，防止试管滑动，再轻轻调整试管方向，使菌褶面向培养基，以便孢子能自由降落到斜面上。在自然温度下，经 6～8 小时斜面上即可看到与菌褶形状相似的孢子印。此时，应及时将贴附在管壁的菌褶取出，避免晚熟孢子落上影响菌种质量。再培养 3 天，25℃条件下，孢子即可萌发，10 天左右可长满斜面。此法适于伞菌、多孔菌分离。

# 木耳耳基分离法

木耳形态上与其他真菌相差很大，也不像平菇那样菌褶分明，所以，木耳分离采取耳基分离法。木耳有单瓣、丛瓣两种生态型，又称菊花型，可利用丛瓣型子实体的耳基较大特点进行组织分离。

方法是将种耳用自来水反复清洗，然后在 0.1%升汞溶液中浸泡 1 小时，取出后用无菌水冲洗净，吸干水分。将耳基切成米粒大小，供接种用。接种时用接种铲在琼脂平板上挖出与种块大小相似的空穴，挑出培养基，将木耳组织块放置其中，使断面向上，然后在上面倒入一层厚约 0.2 厘米的马铃薯葡萄糖培养基。在 30℃下培养。当菌丝萌发并向表层培养基四周蔓延时，在远离种块的地方挖取少量木耳菌种进行纯化。也可以将木耳组织块直接接种到马铃薯葡萄糖琼脂培养基上，萌发速度还要快些，但此法污染率较高。

# 木耳撕片分离法

除耳基分离法外，木耳分离还有采取撕片分离法的，也能收到较好效果。

木耳表面沾附着大量杂菌，即使经过严格灭菌处理，也很难做到十分彻底。如果将木耳子实体剥开，直接从内部刮取少量菌肉接种，既能避免污染，又能比较容易地得到木耳纯菌种。此法可用来分离木耳属所有菌种。方法是将木耳在流水中冲洗干净，用干净纱布吸干水分，再用无菌水冲洗 2～3 次，用无菌纱布或滤纸吸干水分；最后用 70%乙醇进行表面灭菌处理。不同的木耳，方法也各有差异。如分离毛木耳时，将子实体腹背剥离，随即用锋利的小刀刮取少量菌肉接到斜面上。每次剥离的面积不要太大，每剥离 1 次它便刮一点菌肉接种，这样做可减少操作时造成的污染。木耳、皱木耳、琥珀木耳子实体腹背面不好分开，可用解剖刀先在子实体边缘切开一个很小的斜断面，然后沿断面方向剥开，使之出现一个较大的斜断面，用接种钩在断面上刮取少量组织接种。接种时必须磨得很薄，刀口要锋利，并要有一定弹性，这样才便于操作，不至于把耳瓣戳破。

# 银耳纯菌丝分离

传统上用壳斗科植物来栽培银耳，分离率仅为 1%以下。如用大戟科乌桕、木油桐，可提高到 20%。

方法是选好段木切去子实体，风干 10 天左右，切取一块厚 1～2 厘米的段木，然后在生长银耳的附近，切取 2 立方厘米木材组织一块，去皮，用 70%乙醇表面处理。剥去变色部分，从耳基选灰色斑纹少、木材颜色浅的地方沿纵向切开，成 1 立方毫米小块，接到琼脂培养基上。24℃条件下温箱内培养 2～3 天，待有菌丝出现，大多为香灰菌丝；再经 7～8 天，出现白色菌丝，才是银耳。13～15 天，菌丝变浓密，呈白色团状，有浅黄色或浅褐色分泌物。银耳菌丝生长缓慢，20 天后菌落仍只豆粒大小。

分离的银耳菌丝，如果致密隆起，则很难胶质化；如果匍匐状，也很难胶质化；如果呈匍匐但中央老龄菌丝容易胶质化；气生菌丝呈毛状，疏松，极易胶质化，甚至有小耳片出现，可供袋栽选种用。

# 银耳混合培养

一般混合培养有三种类型：一是在琼脂培养基上进行混合培养，二是在木屑培养基上混合培养，三是直接用芽孢进行混合培养。

在琼脂培养基上进行混合培养即将银耳菌丝连同少许培养基一起移到琼脂斜面上，在23℃～35℃条件下培养5～7天，当菌落直径达1厘米或更大时，在菌落的前后方接种少许香灰菌，在同样条件下继续培养7～10天，待香灰菌丝长满斜面时，混合菌种便告完成。混合培养一定要注意接种程序，银耳菌丝一定接种在前，然后接种香灰菌。这样才能保证银耳菌在混合菌种中的优势。

在木屑培养基上进行混合培养，是将已萌发的芽孢菌落或银耳菌丝连同培养基接人木屑培养基上，因为银耳菌丝没有分解纤维能力，所以要再接人香灰菌，在25℃条件下培养。当香灰菌丝长到瓶底时，银耳菌丝已形成白毛团并开始胶质化。可根据菌丝生理成熟程度确定作母种还是原种使用。

直接用芽孢进行混合培养，是将香灰菌接到木屑培养基上，在25℃～28℃培养，待菌丝长到瓶底时，挑取芽孢，在木屑培养基表面划线接种。后25℃条件下培养10～15天，银耳菌丝萌发，逐渐胶质化形成子实体原基。也可将无菌水倒人芽孢试管内，制成芽孢悬浮液；再用木屑培养基钻孔培养。在25℃培养7～10天，即可长成母种。前种方法菌丝集中表面，生理成熟度较高，适作袋栽母种；后者菌丝在培养基内，生理成熟度低，适作段木栽培母种。

# 液体菌种

一般液体菌种要比斜面菌种生活力强，有上下菌龄一致、定植快、污染率低、周期短等优点，应用范围也和固体菌种没什么两样。

比如用在原种或栽培种生产上，完全可以代替斜面菌种。方法是需要一个注射器，取100毫升的兽用注射器，去掉针尖，焊上内径1～2毫米，长10～12厘米的不锈钢或紫铜细管做针头。接菌时将自制注射器插入三角烧瓶中吸取菌液。发酵罐生产的液体菌种，分装在灭菌的500毫升盐水瓶内，吸液时，在橡皮塞上插一根塞有棉花的无菌针头，每次吸取200毫升，可连续接种。如果不用棉塞封口，也可盖上一张聚丙烯薄膜，用橡皮筋包扎瓶口，注射器接种必须在无菌条件下进行。

如将液体菌种用在砖状菌种培养上，可在培养料内按50%～100%的量加入液体菌种，拌匀后装入消毒纸盒、木箱，用塑料薄膜包好，3～7天后，菌丝充分发育连接成块，有香味，即可作栽培种使用，此法用于平菇、凤尾菇、金顶蘑生产均可，但不适于香菇。用液体菌种进行菌床接种，可用于平菇、凤尾菇、香菇栽培，每平方米用液体菌种以300～1000毫升为宜，平均500毫升。以穴播法为好，条播次之，散播最差。如果散播与穴播结合，效果最好。这种方法既可袋栽，也可瓶栽。

# 菌种保藏

菌种保藏是高等真菌生产的一项重要的环节，目的在于给其创造一个特定条件，让菌种降低代谢活动，处于休眠状态。这样可以降低衰亡速度，保持原有的优良性状，防止污染。当条件具备时又可及时恢复生长繁殖。

菌种保藏的原理是低温、干燥、冷冻或减少氧气供给等方法。如低温保藏、矿油封藏、冷冻干燥保藏、液态氮超低温冻结保藏。

近年来，随着真菌栽培事业的发展，又出现了无菌水或生理盐水保藏菌丝体，滤纸条保藏担孢子，谷物、木屑、木块保藏菌种等新方法。这些方法虽简单，却很实用，很受农村专业户欢迎。

斜面低温保藏法是最普遍的方法之一，取用方便，即将斜面菌种放置到冰箱中在 0℃～4℃条件下保藏。此法的缺点是保藏时间短，必须定期传代转接，且容易污染，容易退化。生产中把斜面低温保藏与其他方法结合起来，以减少传代次数，不失为一种良策。如原种第一次传代的，从中取出若干支做矿油保藏，有条件的可做冷冻干燥、液氮超低温保藏；其余的做生产母种分批使用。

保藏菌种要有专人负责，建立菌种档案，详细记录菌种来源、移植经过，保藏情况及生产上使用情况。而且要定期检查，清除污染菌种。使用时，任何时候任何情况都不得用完，要保存充足的种源。另外，每年还必须至少一次进行出菇试验。

# 继代培养保藏法

这是每隔一定时间后将菌种移植到适当的培养基上保藏的方法。这种方法一般不用合成培养基而是用营养丰富的天然培养基，如PDA培养基或YA培养基。为防酸过多，加0.2%磷酸二氢钾和磷酸氢二钾，或0.2%的碳酸钙。马铃薯综合培养基也常被用来菌种保藏。为防止水分蒸发过快，可加2.5%琼脂。保藏温度4℃～6℃，每隔3个月移植一次；如果放在20℃室温下保藏，每2个月就要移植一次。应尽量避免25℃高温下保藏菌种。有的菌种怕低温，可加3～4毫升等油作防冻剂。

继代保藏法运用于所有食用菌，也是国外菌种保藏机构最常用的方法之一，日本用此法保藏香菇菌种，使用20多年未见退化现象。继代保藏缺点是转代接种，易污染、变异。因此，每一菌株至少要保藏相继3代培养物，便于对照。此外，经常启动冰箱，玻璃壁上可能形成冷凝水，使菌丝倒伏，也可招致霉菌污染，应引起注意。

# 矿油保藏法

所谓矿油，即液体石蜡。无色、透明黏稠液体。供保藏菌种用的矿油要用化学纯矿油，在化学试剂商店购买。用前，将矿油装人锥形烧瓶，用棉塞封口，另配虹吸管，用纸包好，一起放在高压灭菌锅内，在每平方厘米 1.5 千克压力下灭菌 30 分钟。将锥形瓶放 40℃电热箱内烘，使混在矿油中的水分蒸发，完全透明为止。再用虹吸管将矿油移人试管中，少量菌种则可用无菌吸管吸取。注入试管的矿油，以高出斜面尖端 1 厘米左右为度。如斜面上端未封严而露在外面，培养基内的水分会从此处蒸发掉。为了节省矿油，保藏菌种斜面不易过大。菌种应竖放在试管架上保存，可放 4℃～6℃冰箱内，也可放在 15℃～36℃室温下保存，一般认为，室温比冰箱好。启用时，不要倒去油，可直接用接种铲在斜面上挑取菌种，原种仍可蜡封保存。从矿油移出菌种因沾有多量矿油，恢复较慢，长势比较弱，应移植一次，方能恢复正常。此法保藏时间，一般 5～7 年，最多 10 年。

# 白胶塞封口保藏

保藏菌种时，人们往往要选择白胶塞来做试管封口用品，这是为什么？因为白胶塞有一定弹性，封口后塞紧不容易漏气，管内水蒸气不至于经此蒸发，管外杂菌不容易经此进入，是较好的封口用品。白胶塞不易老化，经久耐用，经济实惠，也是人们选择它的一个原因。再就是使用方便，不需要重新加工，省力省时，也节约培育成本和保藏成本。白胶塞封口，一般可保藏 3～4 年，每年移植一次效果会更好，移植时操作也方便，不必像矿油那样除去油封，直接用接种针挑取菌种即可。

使用白胶塞要注意灭菌处理，使用前需用 0.2%煤酚皂溶液洗涤，之后浸泡在 95%乙醇内保存。当斜面菌丝长满后，须于无菌条件下拔去棉塞，取出白胶塞，通过火焰迅速将白胶塞塞入试管口内，并用石蜡溶封。

白胶塞在一般医疗器械商店都可买到。

# 固体菌种保藏

与琼脂培养基菌种相比，固体菌种变性小，相对稳定，操作方便，载体来源也极其丰富。比如用厩肥、麦麸、木屑、木块、枝条、稻草、麦粒、碎玉米都可。下面以碎玉米为例来简述操作方法。

用碎玉米粒保藏菌种，方法是将新鲜玉米粒碾碎，过筛，取0.2～0.4厘米的碎粒，置于25%可湿性多菌灵250倍液中浸泡一夜。捞出后，要用清水冲洗干净，用纱布包好，再隔水蒸10～15分钟，趁热分装到试管之中，塞上棉塞，在每平方厘米1.5千克压力下灭菌1小时。上述过程完成后，在无菌条件下接种，在适宜温度下培养。待菌种长好后，置于4℃～5℃冰箱中保存。此法保藏菌种一般可达2年以上。

用枝条保藏菌种，方法是选1～2年生、胸径1～1.2厘米新枝，剪成2.5厘米长树段，再用木屑80%、麦麸20%、加糖1%、加水拌匀、含水量60%，做成木屑培养基。然后放入1～2根树段，再用木屑盖封，在每平方厘米1.5千克压力下灭菌1小时，连续两次，之后接种。菌丝长满后，将试管放在盛有无水氯化钙等干燥剂的干燥塔内，自然干燥1个月。然后在18～180毫米的试管底部装入1.5厘米深的无水氯化钙，上面放少许脱脂棉，之后将干燥好的菌种试管装入大试管内，再用白胶塞封口，在4℃低温或自然温度下保藏。启用时，取出枝条，剥去树皮，将木材部分切成火柴梗大小供使用。此法适于保藏各种木生菇类菌种，成活期一般在3年以上。

# 菌种的液体保藏

液体保藏菌种相对来说比较困难，由菌种在液体里多少都要保存某种程度的活性，因此容易腐败变质，也不够稳定。液体保藏的方法也很多，如生理盐水保藏法、营养液保藏法、无菌水保藏法等都属于此。

生理食盐水保藏是指在 250 毫升锥形烧瓶中盛装 60 毫升马铃薯汁蔗糖营养液，用摇床振荡培养 5～7 天，在 150×10 毫米的试管中分装 5 毫升生理盐水，再用无菌吸管移 4～5 个菌丝球于试管中生理食盐水内，用白胶塞封口，再用石蜡密封，保存于 8℃～28℃室温条件下，存活期在 2 年以上。

营养液保藏是指由马铃薯汁 20%、葡萄糖 2%、磷酸二氢钾 0.3%、硫酸镁 0.15%、硫酸铵微量，组成营养液，每支试管内装 5 毫升，灭菌后，移人带琼脂的绿豆粒大小的菌丝块或菌丝球 4～5 个，此法可存活 2～3 年。保藏期间，注意液面多形成菌膜，菌丝沿管壁向上生长。其保藏效果比生理食盐水好，不影响子实体形成。

# 孢子保藏

孢子是真菌的繁殖细胞，它有耐不良环境特点，长期休眠后若条件适宜仍能萌发，产生新的菌丝体。所以，孢子是保藏真菌的理想器官。常见的孢子保藏方法很多，如滤纸保藏法、真空干燥保藏法、沙土管保藏法、氧化硅胶保藏法等。这里仅以蘑菇孢子滤纸保藏法为例。

蘑菇孢子滤纸保藏法，主要是按常规获得弹射分离到的担孢子，在接受担孢子时，要在小培养皿内放一张滤纸，然后将整个分离装置用纸包好，进行高压灭菌。待孢子降落后，取出滤纸卷成小筒，放到灭菌的试管内之后，用两层以上牛皮纸包好，立即放入经高压灭菌的干燥器内保存。

这种方法保藏的蘑菇孢子，至少可存活 3 年。每年剪取一段带有孢子的滤纸，用无菌水稀释至 1 万倍后，即可接种。

# 加工脱水蘑菇片

脱水蘑菇片风味独特，既保留蘑菇的色泽味道，又不损失蘑菇中所含有的营养成分，因此，脱水蘑菇片风靡国内外市场，尤其受荷兰、英国、瑞士和美国人的欢迎。目前，生产脱水蘑菇片的最大区域是台湾。

加工脱水蘑菇片，须选用优质蘑菇，采后及时加工以防变质。方法是将蘑菇切成 2.5～3 毫米厚的薄片，摊到烘房竹筛上，不可重叠。然后用风机送风，温度以 30℃～40℃为宜，慢慢烘干。随水分减少，温度可慢慢升高到 50℃～60℃，干燥时要保持菇片边缘不卷起，待用指甲捏不动，抓起来沙沙响时，才算烘好。

如用冰冻真空干燥脱水，要把鲜菇纵切成两瓣，冷冻在 -30℃的器皿中，置于真空状态下除去水分，制成干菇。一般 100 千克鲜菇，可得 15 千克干菇片，得菇率为 15%，干菇片含水量不宜超过 13%。

好的菇片标准如下：形态均匀一致；乳白—淡黄色，有光泽；有浓郁的蘑菇香味；含水量 10%～12%；无霉点、无虫害；无混入杂物。一级品，色泽白—灰白；二级品，色淡黄。

# 腌制盐水平菇

平菇很好吃，深受群众喜爱，为保鲜保色保味道，腌制是生产中常用工艺，其方法如下：采摘的鲜菇分级后剪去菌柄，在10%盐水中先煮沸6～10分钟，以熟为度。为保持采菇原有色泽，也可在盐水中另加0.5%明矾。平菇菌盖较脆，杀青时尽可能少翻动。捞起后，须用清水冷却，控干水分，即可转入23%～25%盐水中进行腌制。大约10天，再按规定标准分级装桶即可。

也可以将杀青的平菇直接用精盐腌制，方法是每100千克鲜菇用精盐23～25千克。先在缸底铺一层盐，然后每放一层菇加一层盐，加100克柠檬酸，浸泡7天后，翻缸一次。经2周，即可分级装桶。装桶后注入饱和盐水灌封，此时盐水浓度应在22波美度。若用手指蘸盐水，在空气中略风干，指头上会留有盐霜为宜。为提高保鲜效果，在250千克盐水内加柠檬酸210克，偏磷酸盐200克、明矾40克，使盐水pH值为3～5，再灌封桶口，以盖封藏更好。

# 生产蘑菇罐头

主要工艺如下：

⑴ 选料，菇盖直径不能超过 4 厘米，菌柄长 1 厘米，无褐斑、虫蛀、霉变。

⑵ 护色即漂洗，进行漂白处理，用 0.2%亚硫酸钠溶液漂洗 1～2 小时。捞出后用清水冲净在 0.2%焦亚硫酸钠溶液内浸泡 1 小时，清水冲 1～2 小时，菇色纯白为止。

⑶ 预煮，防开伞，在夹层锅中预煮，水菇之比为 3∶2。水沸后放入锅内，煮沸 10～15 分钟，防老化。煮后熟菇重量下降 35%～40%，体积为原来的 40%，菌盖收缩为 20%左右。

⑷ 冷却，沸后用流水冲 1～2 小时，凉得越快越好，凉透装罐。

⑸ 分级、整装，按大小分级，1.5 厘米以下为 1 级；1.5～2.5 厘米为 2 级；2.5～3.5 厘米为 3 级；3.5 厘米以上为 4 级。无破碎完整为好。

⑹ 装罐，按不同等级分别装罐，之后加盐液，加盐量按 2.5%加入，加 0.05%柠檬酸，0.1%～0.2%维生素 C，0.1%味素。盐液入罐温度大于 85℃，罐内中心温度大于 50℃为宜。

⑺ 排气、密封。用加热法排气，10～15 分钟后罐温 75℃～80℃时封罐。用真空封罐机 66.66 千帕条件下操作，罐内真空度为 46.66 千帕～53.33 千帕。

⑻ 灭菌、冷却，在每平方厘米 1～1.5 千克压力下灭菌 20～30 分钟，之后在冷水中冷却到 40℃。

⑼ 检验入库，冷却后，在 35℃室温下保温培养 5～7 天，检查各项指标达标后，方可上市。

# 加工茯苓须发汗

加工茯苓一是发汗，二是切片，这是两个必需的过程。

所谓发汗，就是把采到的鲜茯苓也叫潮苓进行干燥。鲜苓含水约40%～50%，这些水分不去掉，茯苓容易在使用时霉变或腐烂。干燥不能采取常规烘干、曝晒办法，而是让水分缓慢地溢出蒸发掉。这种溢出水分干燥缩身的过程，如同发汗，故取名叫发汗。方法是在通风的房内用树筒支起10～14厘米高矮台，铺上篾席；房屋边做一个长1.3～2.5米，宽1米，高1～1.3米的土砖池，周围用稀泥封闭，防漏气。池底铺稻草。茯苓采回后，刷净沙土，放席上，每天转动一次，每次转半边，不可上下对翻，以防因出水不匀炸裂。10天后，苓皮出现白色霉状物，即子实体，又叫耳菇子。子实体变淡黄时，用铁钎剥下，不可撕动茯苓皮。到茯苓开始裂口，茯苓皮松皱时，放池内闭汗。进池时，大的放下边或中间，小的放周围。铺盖6.5厘米厚的稻草，加盖篾席，压上石板或青砖，池内封闭直到石板水汽渐干，出池。出池后放高台见风，待茸毛变黄用竹刷刷掸，经1～2天，再放回矮台，摊放，3天翻一次，大约半月，将稍干茯苓堆3～4层，每3～4天转动一次，可上下互换。15～20天，移高台敞风1～2天，此时苓皮呈鸡皮状裂纹，表示发汗结束，可出池保藏或切制，整个发汗时间约3个月。

# 蘑菇酿酒

食用菌酿酒有一定滋补作用，对某些疾病也有一定疗效，因此，市场广阔，很有前途。蘑菇酿酒，其配方是蘑菇粉1%～5%，酵母3%～10%，糖10%～30%，在50℃～55℃下糖化3小时，可加适当稻米改善口味。液体培养基中用酵母接种，后在25℃下培养3天，酵母1%、蘑菇粉10%，加入曲子和糖，用乳酸、柠檬酸调节至pH值为3～3.5，15℃下发酵。分段投料3～5天后，在酒曲中加4倍蘑菇粉、酵母和糖，两天后，加5倍的上述原材料。经发酵，蘑菇中刺桐烯从未过滤的酒中溶出。发酵液上槽后，加50～150毫克／升偏生硫酸钾，滤液静置后取渣滤过，10分钟加盐至60℃，可保持6～8个月。然后用活性炭过滤，脱色，脱杂味，酒就制成了。此酒有降低胆固醇、抗溃疡功效。

# 螺旋藻

植物以其发现年代的早晚和植物体构造的进化顺序不同，而有高低之分，首先是藻类，再就是菌类、地衣、苔藓和蕨类、种子植物。藻类比较原始，是由单细胞组成的或由多细胞组成的群体。它们个体小，生活在水域环境，靠红光制造营养，对硝酸盐、磷酸盐、硅酸盐敏感，环境中盐类越充足，光合作用越强，叶绿素也越多，生长温度10℃～30℃。

螺旋藻属蓝绿藻门，念珠藻目，螺旋藻属，是由单细胞组成的一列丝状体，每个细胞都呈圆形，一列丝状体弯曲成螺旋状，故叫螺旋藻。

1985 年，我国科学家在云南丽江程海湖畔找到了螺旋藻。调查中发现，程海湖畔每年夏季都生有略带腥味的水藻，居民用它喂猪，猪长得膘肥体壮；居民常年饮用湖水，一个个精力充沛、神清气爽。结果采集标本后发现，这就是螺旋藻。经分析，螺旋藻体内含有丰富的维生素，它集许多种维生素于一身，如 $B_1$、$B_2$、$B_3$、$B_6$、$B_{12}$ 等，而且含量甚高。此外，钙、磷、镁、铁的含量也相当高。尤其螺旋藻所含的蛋白质类型是其他食物中没有的。这种蛋白质不会在大肠中形成废物，这一点极其重要。有人甚至认为 1 克螺旋藻相当于 1 千克各种水果的总和。1994 年，云南省科委批准了螺旋藻开发研究的大型生物工程——绿 A 工程，投资 4.8 亿元人民币，年产螺旋藻干粉 1000 吨。1997 年，卫生部确认绿 A 有调节人体免疫力、抗疲劳、耐缺氧、降血脂、抑制肿瘤功能。1999 年，绿 A 成为世博会指定产品。

# 醋的制作

米醋制作是典型的微生物发酵过程。首先把淀粉在淀粉酶的作用下水解成糖，接着加入酵母菌使糖变成酒，再经过氧化酶作用使酒产酸变成醋。这个工艺有三种途径：一是固体发酵；二是液固两态发酵；三是液态深层发酵。

方法是：1. 制醅。谷糠加高粱粉加水拌匀，装锅糊化，冷却摊平加麸曲、酒母、醋酸菌，入缸发酵。温度 26℃～28℃，水分 60%～62%。2. 糖化，醅入缸后进入糖化及酒精发酵阶段。入缸 18 小时，温升 38℃时倒醅。即倒入空缸，控制升温。再过 8 小时升温至 38℃，再倒醅。5 天后温度降到 32℃～35℃时发酵结束。3. 醋酸发酵。第五天拌入谷糠，1～2 天后升温至 38℃，倒醅，控温，约 10 天醋酸成熟，前后 25 天左右，酒味消失，醋味刺鼻。4. 加盐与后熟。加食盐 1%以防发酵继续，加盐后后熟两天醋味刺鼻为止。5. 淋醋、陈酿。醋醅用清水浸泡两小时，淋下浑醋再反复回淋直到澄清，50 千克醋醅可淋醋 62.5 千克。之后人缸两个月，每 1～2 天揭盖晒一天；使其脂化提高质量。防腐加入苯甲酸。

# 制作酱油

人类制作酱油的时间较早，历史也比较悠久，这是人类利用微生物，学会发酵工程的典型例子。

制作酱油的方法很多，比如用豆饼作酱油。其方法为：

配料：用豆饼100千克、面粉15千克、麸皮25千克、盐13千克、水700千克。豆饼粉碎加水80千克，加面粉、麸皮，浸1小时。

蒸煮：泡好的料上锅蒸1小时，焖3小时。

接种：料温30℃～40℃时接菌0.2%～0.3%，含水47%～51%为宜。

制曲：菌种在28℃～30℃时培养8小时，升温至38℃菌丝形成，有曲香，摊料降温，30小时后白色菌丝形成再培养30小时，曲面变黄绿色即可。

发酵：将长好的菌丝曲料人缸发酵，含水100%～110%，温度62℃～63℃、料温50℃为宜，缸底、缸料都撒食盐1厘米，在55℃～60℃条件下，发酵60小时。

浸泡淋油：发酵结束后，在缸内加人80℃清水，浸泡3～4小时，酱醅全部上浮时，淋油。淋后再加80℃清水，再淋。如此三次，将所淋出油混合在一起，将加盐量前后累计达13千克，即可得600千克酱油。

# 酶 工 程

酶很神秘，也很神奇，它对人类来说简直是个谜。比如生物在新陈代谢中有许许多多的反应、变化。这些反应与变化如果不是在生物体内，那么其反应程度要相当激烈，反应时间要相当长。而在生物体内，几乎无声无息，每分每秒都在悄悄地而又迅速地进行着。这靠什么？靠的就是酶。

植物利用太阳能，将水、二氧化碳与无机盐等简单物质变成复杂的大分子有机化合物靠的也是酶。

动物将食物转化为能量、蛋白质，来维持自己的生长、发育、生殖和运动，也离不开酶。

那么，酶是什么？它是非常特殊的蛋白质，是具有生物活性的蛋白质，研究酶分子的组成、结构是酶工程的组成部分，也是开发利用的基础。但是，酶的分子组成和结构既复杂又庞大，研究起来十分困难。而且酶在催化生物体的新陈代谢过程中，并不是整个分子都参与进去，而是某个分子片段参与催化，这更增加了研究酶、利用酶的难度。

酶的制取即生物合成，酶制剂的工业提取，工艺复杂，设备众多，需要的技术涉及生物化学的、生物物理学的、细胞学的、计算机科学的、数学的等相关科学知识十分广泛，因此，酶工程在生物工程中属于相对难度大、技术偏高、科技含量大的工程。

# 酶的发现

酶的发现要追溯到 19 世纪中叶，那是在 1839 年，有个叫李毕希(译音)的外国人突然对酵母菌发酵产生酒精发生了浓厚兴趣，他认为一定有一种化学物质在其中起主导作用。可是，在当时的条件下，想用实验来证明他的想法还很不容易。他用各种方法试着想提取这种物质，结果都失败了。这时，有个叫巴士德的人提出如果能把分泌在细胞外的消化液与细胞内部的物质分开，那么，细胞外的物质是非活性的，而细胞内部的物质是活性的，这活性物质就是对发酵起主导作用的化合物。当然，他的这个想法是幼稚的，也是错误的。因为，如果这样，酵母菌发酵成了完全是活细胞的生命表现。19 世纪末，科学界已经证明了失去生命的酵母也能发酵，而且将酵母研碎，榨取其汁也有发酵作用。这样的认识鼓舞了后来的工作。到了 1926 年，人们提取出脲酶的结晶体，并证明了尿素分解成二氧化碳和氨时，正是脲酶起到催化作用。1930 年，数种蛋白质问世了，这时，人们才清楚地知道酶的化学本质就是蛋白质。今天，人们已经提取到 700 多种酶，它几乎囊括了生物体的各个方面，其中纯净的结晶体就已经百种以上。此时此刻，人们才看到，酶无论其物理性质还是化学性质都属于蛋白质，至此，对酶的研究才算告别了它的初始阶段。

# 酶的作用

既然酶是一种蛋白质，那么，酶这种蛋白质有什么用处呢？

酶的主要作用，就在于它是一种催化剂。用很少量的酶，就能够催化化合物的化学反应顺利进行。生物体内各种代谢环节都是化学反应的过程，而每一种反应都有一种与之相应的酶在催化这种反应进行，所以酶是组织细胞合成的具有专一性的催化剂。比如：酸可以催化蛋白质、淀粉、脂肪的水解，但酸不能催化物质的氧化。而酶只能催化一种物质，如蛋白酶只能催化蛋白质的水解；淀粉酶只能催化淀粉水解；同理，脂肪酶只能催化脂肪的水解，酶具有专一性。

酶受酸碱度(pH)、温度、金属离子及其他物质影响，所以，它工作时要有一定条件，排除干扰。只要满足它的工作条件，酶的催化作用是其他催化剂无法比拟的，它的催化作用是铁离子的 109 倍。

# 酶的催化作用

前面提到，酶是具有特殊生物活性的蛋白质，它的分子组成和结构既复杂又庞大，研究起来十分困难。酶在催化化学反应时，能够激活化学反应，具有催化活性的分子片段叫酶的活化性中心和特殊的必需基团。比如，胰蛋白酶或胰糜蛋白酶，其分子中有一种丝氨酸，它的羟基与二异丙基氟磷酸(DEP)、〔$(CH_3)_2CHO$〕$_2$·PO·F 作用后，就会丧失其催化蛋白质的水解活性。再如，脲酶分子中一部分半胱氨酸的巯基与对氯汞苯甲酸作用后，就会失去脲酶催化脲素水解作用。这样，就把丝氨酸的羟基、半胱氨酸的巯基分别叫作胰蛋白酶和脲酶的必需基团。

组成酶分子的相同氨基酸所含有的相同基团数目很多，其中只有少数几个可以称作必需基团。像胰糜蛋白酶分子中有 20 个丝氨酸，而能有资格做必需基团的只有 1 个。又如淀粉酶中有 40 个氨基酸，只有肽链中一定位置上的两个氨基酸是它的必需基团。因此，酶的必需基团是酶分子中某些氨基酸含有的基团，而这些少数含有必需基团的氨基酸也是酶的活性中心。比如木瓜蛋白酶，它由 180 个氨基酸组成，其活性中心是那些在催化过程中与底物结合和经过反应转化后再结合的基团。这实际上包括转化前的结合基团和转化后的催化基团，而活性中心就是结合基团与催化基团的总称。

# 辅酶Ⅰ与辅酶Ⅱ

酶虽然是蛋白质，但它的蛋白是结合蛋白，其分子具有截然不同的两个部分，这两部分一部分叫酶蛋白，一部分叫酶辅基。

酶辅基是分子量较小的有机化合物，它的特点是耐热。如果酶辅基与酶蛋白分离，这时的酶辅基就叫作辅酶。

辅酶的化学组成比较复杂，比如催化底物脱氢的辅酶Ⅰ(NAD)与辅酶Ⅱ(NADP)，它们都是二核苷酸，都是由两个单核苷酸组成。单核苷酸是由含氮的链形成的环状化合物或糖以及磷酸这么三个基本单位组成。辅酶Ⅰ和辅酶Ⅱ分子中各有一个单核苷酸，其中含氮化合物叫尼克酰胺(维生素 PP)。

这说明辅酶的成分包括维生素，尤以 B 族维生素居多。比如辅酶Ⅰ和辅酶Ⅱ都含有维生素 PP 就是明显的例子。辅羧化酶含的是维生素 $B_1$，黄素酶含有维生素 $B_2$，而转氨酶的辅酶则含有维生素 $B_6$。

辅酶是生物体新陈代谢不可缺少的成分，一旦辅酶缺乏，往往会导致各种病症。临床上常常把辅酶的补充当成一种有效的治疗方案，因此，辅酶也往往被开发成药物，比如辅酶 A 就是常见的药物之一。

# 酶的种类

到目前为止，人们从生物体上测定的酶以及合成的酶，有 700 种以上，由于酶尚在不断发现之中，所以，酶的种类也在不断增加着，要确切地知道酶有多少种，实在不容易。但根据催化反应时所能催化的物质不同，大体上可分为六类：

⑴ 氧化还原酶，有代表性的如过氧化氢酶、乳酸脱氢酶等。

⑵ 转移酶，如谷丙转氨基酶、转甲基酶、磷酸化酶。

⑶ 水解酶，如淀粉酶、胃蛋白酶、蔗糖酶、脂肪酶等。

⑷ 分裂酶，如碳酸酐酶、延胡索酸酶。

⑸ 异构酶，如磷酸葡萄糖异构酶、丙氨酸消旋酶等。

⑹ 合成酶，如丙酮酸羧化酶、谷氨酰合成酶。

# 酶的差异

不同的酶有不同的作用，这里我们只介绍几种。

⑴ 蛋白酶，它是催化蛋白质水解的酶之总称。如胃蛋白酶、胰蛋白酶、胰凝乳蛋白酶、组织蛋白酶、木瓜蛋白酶、菠萝蛋白酶、枯草杆菌蛋白酶等。其中胃蛋白酶是胃液中含有的蛋白质水解酶，经胃液中盐酸激活后具有消化蛋白质的能力。药用胃蛋白酶系人工合成的制剂，作用是帮助人们消化。

⑵ 溶菌酶，存在于生物体内如鼻黏膜、眼泪、唾液、枯草杆菌及蔬菜中，医药上可用作抗菌剂。

⑶ 麦芽糖酶，催化麦芽糖水解的酶，能把麦芽糖分解成葡萄糖。

⑷ 淀粉酶，水解淀粉和糖原，成糊精和麦芽糖。

⑸ 脂肪酶，水解脂肪、产物是脂肪酸与甘油。

⑹ 碳酸酯酶，是水解碳酸酯类的酶。

⑺ 胆碱酯酶，能把胆碱酯分解成胆碱和有机酸。

⑻ 透明质酸酶，能水解透明质酸为乙酰氨基葡萄糖和葡萄糖醛酸，存在于精液、蛇毒之中。医学上用作增进皮下注射药物吸收的添加剂。

⑼ 酿酶，也叫酒化酶、发酵酶，是酵母中能引起酒精发酵的酶之总称。

⑽ 果酸酶，能催化果酸中甲酯分解和多聚半乳糖醛酸分解为小分子多聚物。用于生产果汁、澄清果汁，在纺织工业上可为麻类脱胶。

# 测定酶的活性

比如在临床医学上，酶可以帮助医生判断病情，找出致病原因。骨损伤往往要看外科，其实只要查一下血液中碱性磷酸酶的催化活性有没有增加就可以作出正确的诊断。胰腺炎患者也一样，胰腺是否发炎，通过血与尿中淀粉酶与脂酶活性检查便可得出结果，两种酶活性提高了，则说明确有炎症存在。同样，对于肝病患者，医生也要通过血常规化验，查一下血清醛缩酶活性是否加大，如果加大，则有患肝癌的可能，如果血清转氨酶活性增加，说明肝脏处于炎症活跃阶段。

酶活性测定的原理与技术很多，但常用的有以下两点：一是测定酶所催化的化学反应达到一定程度后所需要的时间；二是测定化学反应进行的程度。

酶在生物体细胞内的分布形式，目前还知之不多。从大量的试验中已经了解到，酶在细胞结构里的分布与代谢变化进行之间的关系极为密切。

随着生物工程特别是基因工程的发展，科学家对细胞内的情况会愈来愈清晰，酶在细胞内的情况也会被全部揭示出来。到那时，人们对酶的利用，将会前进一大步。

# 酶的生物合成

以人为例，人不仅在生长时期合成酶，即便在成年，也不断地进行着酶的新陈代谢，这当然包括酶的生物合成，只不过不同的酶具有不同的更新率。世间一切生物体体内各种酶都在以不同的方式、速度进行着合成与分解。合成酶的首要条件就是要有足够的氨基酸供应。人在生长发育乃至整个生命活动中时刻都在利用蛋白质，而这些蛋白质主要通过食物摄入。如果食物结构中营养不全或蛋白质匮乏，那么，人的机体组织中肯定会出现若干种酶的活性下降。酶的合成需要足够的能量，能量同样依靠食物摄取为主渠道。减少 ATP 供应，当然会影响酶的合成。许多酶的本质是结合蛋白质，这就要求机体新陈代谢过程中也必须能够合成不同的辅基。有些酶的辅基，它的成分中的维生素靠机体是不能合成的，那就只能通过外界摄取，比如饮食；比如阳光的照射等。

酶的生物合成也受环境中的化学成分、酶作用的底物影响，这种影响导致的酶的合成，又叫作酶的诱导生成。比如大肠杆菌在 β－半乳糖的情况，就是明显例证。

多数情况下诱导剂从环境中除去后，合成也就停止。但蜡状杆菌由青霉素诱导生成青霉素酶时，除去青霉素后，仍保持强大的青霉素酶活性，甚至还要高出正常菌的 30 倍，并能遗传 10 代以上，这对青霉素生产至关重要。因此，酶的诱导生成情况千奇百怪，机制也复杂多变，这一点倒是值得关注。

# 酶的制取

利用微生物制取酶的方法很多，从理论上归纳应分为两种，即固体发酵和液体发酵，这又和微生物发酵不谋而合。实际上微生物发酵也是酶制取的主发酵工艺。

固体发酵也叫麸曲培养法，即利用麸皮或米糠为原料，适当添加谷糠、豆饼等，做成半固态物料培养基，以供微生物生长繁殖和产酶用。目前我国生产淀粉酶、糖化酶都用此法。固体发酵有浅盘法，即将培养基铺在浅盘之内，厚 3～5 厘米，在曲房内盘架上发酵。二是转桶法，即将培养基接菌后，放在可旋转的转桶内培养，有利于通风、调温，灭菌难。再就是厚层通气法，将料平铺多孔假底的大水泥池中，厚 20～30 厘米。料温过高可通风降温。液体发酵当然利用液体培养基，可分表面发酵和深层发酵两种。

表面发酵，就是将配制好的液体培养基经灭菌后接人菌种，装入可密封的浅盘中成薄薄一层，液层厚 1～2 厘米，培养过程中要不断通入无菌空气。浅盘液体表面培养的缺点是容易产生污染。

深层发酵是目前广为采用的一种方法，使用的设备是发酵罐。发酵罐的容量视产量而定，一般为 10～15 立方米居多。整个培养过程，在封闭的管道内进行。因此，不易污染，产量、质量都比较理想。

# 影响酶发酵因子

酶的制取过程中能够对其发酵产生影响的因素有许多，但从整体看，影响比较大的有这样几个方面。

首先，温度是发酵过程中对其产生影响最大的客观因素。因为微生物发酵过程是菌体合成酶的过程，这个过程需要一定的数量，所以，发酵合成酶的过程是吸热过程。但当菌体生长时，培养基内营养物质不断地被分解，这种分解代谢的生化反应又是放热反应。所以，整个合成过程比较复杂。当繁殖旺盛时，放出的热量往往大于合成时吸收的热量，结果使发酵液升温，而这时作为发酵醪则必须降温。再就是 pH 值，这也是微生物生长繁殖所必需的环境条件。一般 N：C 值高时 pH 值低，反之偏高。其次，供氧是好气性微生物生长繁殖所必需的生态条件，环境中氧的含量高则产量也高，反之则低。黑曲霉生长旺盛时需适当溶氧，要求溶氧速率为 50～55 毫摩尔／升·时；而用此菌生产 α－淀粉酶时，溶氧速率为 20 毫摩尔／升·时。还有湿度也是必需条件，保持培养基有适宜湿度是维持菌体生长、繁殖的条件，所以，培养室、容器特别是培养基都必须要满足它们的湿度要求，否则，会影响产品产量和质量，影响经济效益。

# 酶的工业提取

不管酶如何重要，对人类有多大用途，首要的是把它提取出来，精制出来，不然就会束之高阁或可望而不可即。

有过一定生物化学基础的人都知道，微生物所含有的酶，主要存在于广大微生物的细胞内，或透出到细胞外部存在于细胞之间。这就是说，为了制取酶，人们不遗余力地培养微生物，但当含有各种酶的微生物真的被培养出来后，并不等于酶已经制取成功了。这里边有个怎么拿，如何才能最大限度地拿出来的问题。酶工业的一切铺垫就是为了制取酶，精制酶，所以，酶的提取是酶工程的重中之重，是核心技术。

酶的提取工艺十分复杂，科技含量高，手段先进，难度也相应较大。大体上可分为这样几种方法和步骤。

一是发酵液的预处理及其过滤技术；二是采用盐析法进行酶的精制；三是采用有机溶剂沉淀法制取酶制剂；四是丹宁沉淀法制取高纯度药用或食品用酶制剂；五是吸附法将酶提取出来；六是采用喷雾干燥法直接制取粉末状酶制剂。当然，也有终产品是液体酶制剂的，这又增加了包装难度，也缩短了保质期。

# 盐析法与吸附法

采用盐析法制取酶原理是酶在某一 pH 值时，蛋白质的分子离解成阳离子和阴离子的趋势相等，此时溶液中 pH 值为该蛋白质的等电点。在等电点时蛋白质带有相等的正负电荷，这时的蛋白质实际上成为中性微粒，易于沉淀。由于不同的酶由不同的蛋白质组成，因此，等电点也不同。不同等电点的酶在同一中性盐溶液中表现出不同的溶解度。这样，利用不同浓度的中性盐，就能把不同的酶盐析出来。米曲霉制 α－淀粉酶就是这样一种技术。

吸附法则是利用以硅酸铝为主要成分的黏土，在弱酸条件下吸附酶的蛋白质，而在中性或弱碱性条件下解吸这样一种原理。做法是先将白土即黏土用 2N 盐酸活化，也可以用氧化铝做活化剂。如采用氧化铝时，可用明矾、硫酸铵来调剂，加热使其活化。酶或蛋白质在弱酸条件下吸附，在弱碱条件下解吸，便可以得到纯净的酶。

如用高岭土吸附菠萝蛋白酶，则在 pH 值 4～6 时，用 5% 的高岭土，可将菠萝汁中 95%的菠萝蛋白酶吸附。然后用碳酸钠稀溶液调 pH 值至 6.5～7，再加氯化钠或硫酸铵来洗脱。洗脱率常常达到 70%～85%。

# 沉淀法提取酶

我们以有机溶剂沉淀法和丹宁沉淀法来说明这个问题。

有机溶剂法如用丙酮、乙醇来沉淀蛋白质纯化蛋白质技术，原理是使酶失去活性。在最后干燥时，有些有机溶剂会挥发掉，在制剂中仅留下很少痕迹。它也不引入水溶性无机盐杂质，这是它的最经济之处，也是一次沉淀法制取食品酶制剂的关键。当前欧美各国大型的酶制剂厂所生产的食品工业用粉剂酶，几乎都是一次沉淀法制取的。比如枯草杆菌淀粉酶和蛋白酶、霉菌淀粉酶、蛋白酶、糖化酶、果胶酶、纤维素酶，都是典型的采用有机溶剂沉淀法生产的。

丹宁沉淀法与有机溶剂沉淀法不同之处在于丹宁是多元酚类物质，丹宁分子上有很多羰基(=CO)、羟基(−OH)、羧基(−COOH)。这些基团在某种情况下能和蛋白质分子上的肽键(−CONH−)、氨基($-NH_2$)借氢键、酯键或盐键结合。因此蛋白质分子与丹宁分子之间由于静电吸引力而结合，形成很大的颗粒而沉淀。比如黑曲霉酸性蛋白质发酵液的澄清液，调 pH 值为 4～4.5，加丹宁 0.1%，静量后离心分离。将沉淀物用乳酸缓冲液定容至原体积，测酶的沉淀收率为 90%。又如 BF−7658 α − 淀粉酶液的清酶液，调 pH 值为 6.7，加丹宁粉末 0.3%，α − 淀粉酶的沉淀收率为 100%。用丹宁沉淀法制取酶制剂，纯度高，适于药用和食品加工用，是一种较科学的好方法。

# 酶的精制

要精制酶必须破碎细胞，然后进行分离、浓缩。比如去除核酸法、脱盐浓缩法、离子交换层析法、超滤膜过滤法、凝胶过滤法等。

所谓物理破碎是指采取物理办法把细胞弄碎，如附磨、捣碎、高压法、声波震荡法和快速冰冻融化法等等，都属此类。而化学法有渗透作用、干燥处理、自溶、酶处理、表面活性剂处理、噬菌体作用和电离辐射等。

分离技术中最方便的应属离心机分离，如用不同转速的离心机，经过高速旋转使液体内的悬浮物充分沉淀。目前使用的离心机转速多为 6000 转／分、21000 转／分、80000 转／分等，效果都比较理想。比较精密的有分析用的超离心机，其主要型号有美国的 Spinco-E、日本 Hitachi282 型等，都是较先进的设备。

化学精制中较常用也较方便的有去除核酸法。就是用核酸酶处理，如牛胰 RNA 酶及 DNA 酶能将菌体中 RNA 和 DNA 降解。降解后的菌体残渣经离心与上清液分开。之后用硫酸铵分步沉淀和透析进一步处理。另外，加青霉菌孢外酶，磷酸二酯酶，使 RNA 降解为 5′－苷酸；加红酵母胞外酶 3′－核糖核酸酶能降解 RNA 为 3′－核苷酸，都可用处理菌体破碎液体使黏度下降便于分离。

# 精制酶要脱盐

精制酶的过程往往要添加一些盐类，如硫酸铵，分级提酶后必须设法把硫酸铵去掉，这样才能得到纯净的酶，所以，脱盐是提纯酶的重要环节。那么，用什么办法才能把盐脱去呢，一般来说方法有两个，即透析和凝胶过滤。

透析，就是把分子量在1.5万以上的大分子在通过半渗透膜时把它隔离出来，使其与小分子或离子分开。例如盐或某些缓冲液可透过半渗透膜，可以通过透析把其中的小分子物质除去。这样看来选择透析膜十分重要，适于作透析的膜以高聚物的薄膜材料为好，这种材料在溶剂中溶胀后会形成许多极其细微的筛孔，这种筛孔只能通过低分子量的溶质和溶剂通过，而大分子通不过。这种膜要有化学惰性，没有固定的电荷基因，所以，它不会使溶质吸附在上面。如聚乙烯、玻璃纸等。透析主要靠扩散，扩散是膜两边的水含盐浓度不断变化，因此，溶剂要勤换。用这种方法制取无糖牛奶，效果十分理想。

凝胶过滤也叫凝胶层析，主要是根据样品中物质分子量的不同，将其通过多孔胶床来达到分离目的。这种方法条件温和、方法简便、分离范围也广泛，而且重复性强、回收率高。

# 离子交换层析

离子交换层析是利用离子交换剂上所带的基因来进行的离子交换，从而达到分离目的的一种方法。离子交换剂是一种不溶性物质，它的带电基团所依附的骨架有硅酸铝、多糖、合成的或天然的聚合物等。带电基团的性质决定交换剂类型和强度。如酚基、羟基、羧基和磺酸基形成阳离子交换剂；而胺基、芳香胺基形成阴离子交换剂。

交换剂的骨架化学组成可分以下几类：以聚苯乙烯及其衍生物为骨架的离子交换树脂；离子交换纤维素；以葡萄糖凝胶为骨架的离子交换剂；以聚丙烯酰胺为骨架的离子交换剂；以琼脂糖凝胶为骨架的离子交换剂。

具体操作包括离子交换剂处理，装柱和加样三个步骤。离子交换剂处理是浸泡或煮沸，阳离子交换剂用碱水洗或酸水洗后，还要平衡 pH 值。阴离子交换剂则用酸水洗、碱水洗，再平衡 pH 值，装柱是装入层析柱。加样有四步：一是用 1∶10 把蛋白质与吸附剂进行预测，以决定添加量。二是用 0.25 时的透析袋对 20 倍的缓冲液透析，换一次液再透析 6 小时。三是打开流出口，排除表面缓冲液，关闭出口，用移液管加样。四是洗脱，用充足的缓冲液流过层析柱，使未吸附物质洗出。

# 超氧化物歧化酶

超氧化物歧化酶是动物血液中常常含有的一种酶，这种酶数量不多，但其作用甚大，它是动物健康长寿的保证，是保持肌体青春永驻的物质。

那么，超氧化物歧化酶为什么有如此神奇的威力呢?原来，动物的血中有一种结构多变的物质，人们叫它自由基，这种自由基容易与血中的各种成分结合，形成一种惰性很强的物质。一旦这种惰性物质形成，动物生命活动就表现出各种不良性状，容易导致衰老，过早的死亡。人也一样，体内自由基增多，人的生命力便失去活力，容易衰老，也容易过早地死亡。科学家们研究了这类现象之后，一直致力于找到一种物质，在血中能清除自由基，这样，就可以避免出现衰老等情况，可以延长青春活力。超氧化物歧化酶正是科学家们找到的，并且就存在于血液中的这种物质。

目前，人们已经能够提取这种酶，比如用在化妆品上的大宝SOD，就是由超氧化物歧化酶组成的。人们用它美容，可以延缓衰老，使皮肤细嫩，青春不老。

动物的血在屠宰业中是下脚料，是废物，有时不能及时处理只有扔掉，这样既污染环境又浪费资源。如果能从这些血中提炼出超氧化物歧化酶，无论用在卫生保健上、用在化妆品上，还是用在医药事业上，其经济价值和社会价值乃至生态价值都是令人鼓舞的。

# 生物防治工程

在自然界，各种生物之间构成十分复杂、十分紧密的生态关系，这种关系使各种生物之间形成相互依赖、相互制约，有的则形成残酷的食物链关系。这种关系很有趣，它不但限定了各种生物的数量，也调节着各种生物之间在生态系统中的结构。这种关系一旦形成，就自然形成一条自然法则，哪种生物打破这种结构，破坏这种平衡，就一定会受到自然法则的惩罚。也就是说，生物之间的制约、控制是十分严厉、非常奏效的。比如在森林生态系统中，一种昆虫一旦失去控制，出现大规模的种群暴发，那么，很快就有一群能够控制其群体膨胀的生物群落，把它压缩下去，直至达到新的平衡，形成新的良性结构为止。像松毛虫暴发后赤眼蜂会因其寄主(松毛虫卵)增多而大量增多，赤眼蜂增多会消耗松毛虫卵的有效发育数量，迫使它重新回到生态系统允许它占有的比例、数量、空间和时间上来。农作物也一样，水稻螟虫一旦暴发，水稻螟赤眼蜂会随之增多，棉螟虫暴发，金小蜂会增多……只要有一种生物失去平衡突然暴发，总会有若干种生物随之大量繁殖增多，形成对其有效控制，这就是生物之间的生存竞争。

人为地筛选，繁殖能够控制各种生物暴发给农林作物带来危害的，也就是有害生物的天敌，这一工程就叫作天敌繁育工程或生物防治工程。

# 生物防治内容

一般来说生物防治要包括天敌生物的人工繁殖，有些小型生物如昆虫甚至要研究它们的工厂化繁殖工艺流程。当然，分类是这项工作的基础，必须准确掌握天敌生物和有害生物的名称、分类地位、分布、生物生态学特性，了解了它们的来龙去脉，就能知道到哪里去找它们，怎样才能找到它们，用什么样的措施和手段才能大量繁殖它们，怎样去保护它们等。

生物防治学科除了要介绍各种天敌或有益生物的养殖、繁育技术，还要介绍如何在大自然生态系统中有效地保护好它们，扩大它们的自然种群。当然也涉及建立自然保护区，建立健全必要的法规制度，形成良好的社会风尚等。也包括建设良好的生态环境，给天敌生物良好的活动空间和栖息繁衍条件。

森林生态系统是地球上最大的天敌生物生存的大本营，对森林的保护和大规模营造森林环境是人类在保护天敌生物方面的卓越贡献。

# 增加天敌的原理

总的来说，增加天敌生物的原理很简单，那就是保护天敌生物免遭不良因素影响和危害，设法补充和增加天敌生物的种群数量，使其健康生长，顺利繁衍。

增加天敌生物的方法很多，但归纳起来大体上有两个内容，一是给天敌生物创造良好的栖息繁衍条件，二是人工繁育天敌生物以随时补充自然界生态系统中出现的天敌缺口。以天敌昆虫为例，要建立其良好的生存条件，要科学补充修复在自然界各生态系统中出现的种群缺口，是需要有一整套科学技术和手段的。

人们把有益昆虫或能够起控制有害昆虫作用的昆虫族称为天敌昆虫。实际上天敌昆虫也分不同类别，如生吞活嚼有害昆虫的有益昆虫叫捕食性天敌昆虫，以寄生方式消耗有害昆虫的卵、蛹、幼虫，甚至成虫的天敌昆虫叫寄生性天敌昆虫。

给天敌生物创造良好的生存条件一是做好环境保护；二是利用科学技术设法促进天敌生物的繁衍；三是人工投放食物，不能叫它们断炊；四是人工繁育天敌生物，这是一项工艺复杂、科学技术含量高、操作起来比较困难的技术，但它是保护天敌种源、控制有害生物成灾、维持生态环境平衡的有效办法。

# 繁育天敌昆虫

中华人民共和国成立初期，我国科学界已经开始人工繁育天敌昆虫的工作。这项工作从小到大、由弱到强，到目前为止，已经发展到大规模、工厂化、成体系、有建制的系统工程。仅储备、筛选出的优良天敌昆虫种源就有几百种以上，全国建成了一批天敌昆虫种源基地和种源基因库。目前，在农业、林业、园林等部门应用天敌昆虫防治有害昆虫已经不是什么新鲜事，连老百姓种玉米、豆角、黄瓜等作物都学会了使用赤眼蜂。

20 世纪 60 年代末 70 年代初，全国曾经掀起繁育天敌寄生蜂的高潮。为了防治甘蔗螟虫、水稻螟虫，农民在专家的帮助下开始人工繁育赤眼蜂；后来天敌种类由赤眼蜂发展到金小蜂、跳小蜂、啮小蜂、姬蜂、绒茧蜂、平腹小蜂等几百种；应用范围也由农业迅速扩大到林业、牧业、园林等行业。如浙江的常山曾经在春季 4 月下旬、5 月上旬分别在松林中释放繁殖好的赤眼蜂，或在松林中放置松毛虫卵以诱使赤眼蜂、黑卵蜂等产卵寄生，结果寄生率高出对照区域 1 倍多。吉林省于 60 年代初，人工繁育赤眼蜂，将寄生赤眼蜂的蚕卵制成蜂卡挂到松林，结果一度松毛虫大发生的各个林区，连续 20 多年坚持挂卡，有效地控制了松毛虫的发生与蔓延，保护了森林，维持了生态环境。

# 天敌昆虫的饲料

解决人工繁育天敌昆虫的主要问题是饵料。让它繁殖必须先让它吃饱、吃好。所以,研究人工繁育就必须研究饵料,什么天敌昆虫喜欢吃什么,它们每个虫期,不同龄期以什么为主要营养。根据多年的观察试验,专家们认为天敌昆虫主要有这样几种食物作为其营养来源:一是瓜、果、梨、桃的果实或某些植物的根、茎、叶。如马铃薯幼芽或南瓜是粉蚧最爱吃的食物,用它繁殖粉蚧,而隐唇瓢虫最爱吃粉蚧,这样一转换就解决了隐唇瓢虫的食物,同时也解决了养殖隐唇瓢虫的技术关键。二是用蓖麻叶或柞树叶饲养蓖麻蚕、柞蚕。待蚕发育成熟后,取其卵用来繁殖赤眼蜂。这也是解决赤眼蜂寄生的重要技术。三是研制人工合成饵料。这比较难,要做到颜色、味道、营养成分与天然饵料一样,绝不是件简单的事。

实际上人工饵料的好坏标志着天敌繁育技术的优劣。美国昆虫学者 20 世纪 70 年代末来我国考察舞毒蛾,他们用的就是人工饵料,这种饵料饲养昆虫效果十分理想,高温不腐、低温不冻、营养成分全价、携带方便,十分适于对昆虫生物生态学特性的观察与研究。

目前,我们已经制成了若干种人工饵料,但对个别虫种还不够,这方面的路子还很长。

# 赤眼蜂简易生产

生产赤眼蜂的简易生产工艺流程是寄主卵制备、蜂种筛选、接蜂、粘卡。寄主卵制备：秋天贮备柞蚕茧，窑藏 0℃～2℃，最高 4℃。早春将雌茧用线绳串成串挂在室内增温，此为暖茧。待积温达到雌蛾孵化温度时，雌蛾很快破茧而出，将蛾腹剪下，用挤卵器挤卵，清洗去卵外黏液，将卵平贴在纸卡上。这是接蜂前的必要准备。

蜂种要在秋季或夏季到田间、林间去筛选，方法是搜集寄主卵，如赤眼蜂寄生的水稻螟虫、松毛虫、舟蛾等的卵。将这些卵取回后在培养箱内培养，待赤眼蜂从寄主卵中孵化出来后，便可分离出来作为蜂种用。

经过多次复壮扩繁后，当蜂种已经从数量上、体质上适合做接种用时，便可在室内或接种箱内接蜂。

接蜂原理是利用赤眼蜂趋光性，在室内或箱的一端挂上纸卡，并设日光灯光源，在 2 米之内将赤眼蜂放在桌面上，这样能飞到纸卡上寄生的，多数是身体健壮，精力充沛的壮蜂，那些飞不到纸卡的，是体弱瘦小的，也寄生不上去。这就保证了种群的质量。

在检查了寄生率达到要求后，即将卡取下，尽量减少复寄生数，以避免一卵寄生赤眼蜂过多，造成发育不完善情况。

目前，自动繁蜂机整个生产流程由可控硅晶体管控制，自动化程度高，可以连续作业，成本低，效率高。

# 天敌鸟类

鸟类是人类的朋友，这不仅因为鸟类的存在使大自然多姿多彩，使人类的生活变得充满生机。更重要的是鸟是自然界生态系统中的重要组成部分，是捕捉害虫和有害小型动物的能手，因此，人们称它为农林卫士。

但凡鸟类都吃虫子，这话基本对，鸟类对害虫及小型有害动物的消耗(如鼠类、兔等)客观上维护了植物的生长。特别是当害虫害鼠泛滥时，大面积的森林、农田被吃光，大量的果树、林木被毁，人人都会痛心。如果自然界保持一定数量的鸟，这些害虫害鼠就不会轻易成灾，这是鸟类的突出贡献。

一般喜欢吃虫子或大部分食物以昆虫或害鼠为主的鸟类，被人们看作是“益鸟”。这些鸟类有杜鹃、灰喜鹊、黄鹂、普通䴓、戴胜、啄木雀、松鸦和鸮、狂鸶、鹞、莺等。我国有1100多种鸟类，其中食虫鸟类就有16科230种以上。

鸟生活在森林中，一个育雏期喂雏次数多达几千次，一对大山雀一年可消耗1万~1.5万条害虫。它们是维持生态平衡的一股了不起的力量。

# 利用病原微生物

病原微生物是害虫的克星。比如真菌中的白僵菌、绿僵菌；放线菌中的各种抗生素、线虫以及病毒等。

白僵菌和绿僵菌，染病途径是食物，当害虫吃了带有这类真菌的食物后，这类真菌能够在害虫的消化道里进行大量繁殖，真菌的孢子吸水后膨胀，8～12 小时后即可萌发出 1～2 条发芽管，紧跟着便分泌几丁质酶和蛋白质毒素。这种毒素可导致害虫表皮溶解。进入虫体内的孢子萌发后吸收虫体营养后生长发育十分迅速，虫体内水分大部分被孢子吸收，虫体也因失水变得僵硬，加上虫体表面布满这类真菌的白色菌丝或绿色菌丝，结果，看上去就成了白色或绿色僵尸，这也是这两种菌的名称之由来。

放线菌中含有大量抗生素，这是构成害虫死亡的又一原因。抗生素使害虫繁殖能力下降，不孕甚至直接死亡。科学家曾用 40 种抗菌素对蜡螟、黏虫、铃虫、桃蚜进行试验，结果蜡螟对放线菌酮、庆丰菌素、灭瘟素、土霉素、春雷霉素都敏感；黏虫对灭瘟素敏感，桃蚜对庆丰霉素敏感。这是微生物农药的致病机理。

小型低等动物如线虫则是直接在害虫体内与其争夺营养造成危害的生物，因此也是造成害虫种群下降的重要因素。

# 白僵菌的生产

白僵菌属半知菌纲，表面色泽多变化，自白色至乳色、橙黄色，偶有红色和绿色。

白僵菌有三种，即白僵菌、球孢白僵菌、卵孢白僵菌。

其主要生物学特性：生长温度13℃～36℃，最适温度21℃～31℃。−21℃经400小时仍有萌发能力。相对湿度25%～50%对其有利，对光不苛，pH值为6最好。

白僵菌培养有液体培养和固体培养两种，液体培养流程如菌种→斜面培养→二级培养→三级扩大培养→干燥→粉碎过筛→计数→包装。

三级培养为固体培养，料以麦麸、谷皮为主，灭菌后按15%～20%接菌量接菌，接菌后平铺成2～3厘米厚，在24℃温度，相对湿度90%条件下培养20天即可长好。

将长好的白僵菌固体菌块在红外光下或在40℃～45℃烘箱内干燥，再用305型粉碎机粉碎。最后用100目筛过筛。粉剂含水量控制在1%以下，每克孢子个数50亿为合格产品。

包装后即可上市，可在使用时混合一些无毒无味粉剂，以便在飞撒时散布均匀，避免浪费。

白僵菌对人畜无害，对200多种害虫有明显防治作用。但其刺激口腔黏膜，应予注意。

# 利用病毒

昆虫病毒有七个属，几百种以上，主要有杆状病毒、多角体病毒、浓核病毒、痘病毒、虹彩病毒、西格马病毒和内病毒。

杆状病毒常见的有核型多角体病毒和颗粒体病毒，质型多角体病毒等。仅核型多角体病毒已发现其感染的害虫就多达 7 个目 284 种，颗粒体病毒感染的害虫约 65 种，质型多角体病毒感染的害虫约 147 种。

病毒培养难度大，它必须在活细胞内才能增殖，而且一般情况下一种病毒只能感染一种害虫，要想培养它，只有先培养这种害虫方可。

先将野外感病的害虫采回来，在室内接种健康的害虫以此扩大繁殖，也可以在病毒大发生时，尽量多地搜集感病害虫，然后将采回来的感病害虫在容器中研磨成粉。在干燥低温下保存，待害虫大发生，温湿度条件适合时，将此粉撒到害虫活动区域，效果一般会比较理想。

随着昆虫饲养技术的提高，大量饲养害虫来繁殖病毒是一项稳定的生物防治措施。今后的发展方向则是采取组织培养来代替活体培养，这是生物工程之一。

# 赤眼蜂应用

赤眼蜂是膜翅目小蜂科昆虫，大小在0.5～1.0毫米之间，因为其复眼呈红色而得名。近年来先后观察到12种以上，其颜色大小基本一样。赤眼蜂是一种分布极广的昆虫，利用较多较早的是生活在森林和农田里的赤眼蜂，如水稻螟赤眼蜂、松毛虫赤眼蜂、毒蛾赤眼蜂及舟蛾赤眼蜂，再就是澳大利亚赤眼蜂、广赤眼蜂、黏虫赤眼蜂和玉米螟赤眼蜂。

早在20世纪二三十年代，美国就开始利用赤眼蜂防治各种害虫，到60年代后，印度、日本已经广泛应用赤眼蜂。在西印度洋上的巴巴多斯岛，从1929年就开始利用赤眼蜂防治甘蔗螟虫，并有连续放蜂20年的记录。中国从1951年开始利用赤眼蜂防治三化螟。1956～1958年，曾经在大半个中国推广。1971年，安徽、河南、河北、山东、江苏、浙江、陕西、辽宁、广东、吉林等地也先后推广应用赤眼蜂，收到很好成效。吉林省从1964年开始，就利用赤眼蜂防治松毛虫，到1977年统计，应用林分已达80平方千米，寄生率达97.72%，松毛虫密度从每株平均187头下降到1头，基本控制了松毛虫对森林的危害。浙江省1973年利用赤眼蜂防治松毛虫60平方千米，寄生率达70%以上。近年，赤眼蜂应用趋于稳定，繁育手段正在逐步提高，可以想见不久的将来，这项技术肯定会有长足的发展。

# 天敌鸟类繁育

鸟作为害虫害鼠的天敌，在生态系统中占有十分重要的地位，可由于自然条件的破坏，鸟类的栖息环境日见恶劣，鸟类也不断减少。为了有效地控制虫灾鼠害，人们近年在人工繁殖鸟类上下了很多功夫。目的是减少虫灾鼠害给农林生产造成的损失。鸟比较好养，但成批地大规模地养殖益鸟，就相对困难得多。一方面是因为鸟类野性难改，不易驯化，另一方面是因为鸟类的食物结构十分复杂，饲喂方式又不相同，稍有差池就会前功尽弃。

养殖鸟类最大的问题是饲料，如何配出适合鸟类生长发育繁殖的全价饲料，又要保持饲料某些成分中的活性，这就需要从营养学角度对其饲料成分进行科学分析。一般饲料成分中必须有足够的蛋白质，特别是要有足够的动物性蛋白质；此外，要有一定数量粗脂，无氮浸出物、粗纤维；鸟类生长发育所必需的氨基酸、维生素和微量元素是必不可少的。这些营养成分的确定，必须通过养殖观察、测算，所以，要把鸟类所必需的营养成分都弄清楚，十分不易。这正是鸟类难养的关键。

驯化也不容易，一般鸟儿从卵孵化出后就开始人工喂养，驯化较容易，如果从自然界捕回成鸟来饲养，那就更加困难了。

# 天敌两栖类繁育

天敌两栖类主要指蛙类，蛙类是消耗害虫的主力。

人工养殖蛙类目前势头很旺，这固然因为它是有益动物，更主要的还是蛙类的经济价值与日俱增。

蛙很难养，难就难在它是两栖动物，必须给它提供水陆两种栖息环境；难就难在蛙的食物以活的虫子为主，必须给它预备足够的活虫子。

养蛙要从早春开始，在没完全化冻前，用土把池子圈起来，然后把野外搜集到的卵块放到池内，加入少量的水，用豆浆来喂孵出的蝌蚪。蝌蚪全部孵出后，可以加水使池水变深，便于蝌蚪游泳、活动。但要保持一定的陆地。蝌蚪长成幼蛙时，它们会到附近草地、山林生活，因为那里有丰富的食物，随时能捉到虫子吃。

大约每年 9 月下旬，天气转冷，幼蛙已经长大，会在小雨天气乘着夜色回到河水、池塘中。

人工庭院养殖除给它们水陆两栖条件外，还要繁殖黄粉虫来做蛙类的饲料，这样才能有成功的可能，同时要注意给它遮阴，幼蛙时可以用玉米秸铺成床，让它们钻在玉米秸下，一方面保持皮肤湿润，维持呼吸，另一方面玉米秸也会生出许多小虫子，以补充蛙的饲料。蛙类活动范围广，对农作物、森林、牧场都有很好的保护作用。

# 生态环境与“生防”

生物防治是依靠生物之间生生相克的制约关系，活动的主体是各类生物。而地球上一切生物都生活在大自然的生态系统之中，正是生态环境为各类生物提供着良好的栖息场所、充足的食物。生态环境是各类生物的天然庇护所。没有良好的生态环境，就没有生物栖息繁衍的必要条件。

严格地说，地球上的山川河流、森林草原都是大自然生态系统的重要组成部分，是各类生物赖以生存的客观条件。但是，人类的生存与发展自觉不自觉地对这些生态环境造成了巨大的破坏，有的甚至不可逆转。比如毁林开荒，造成水土流失、草原退化、沙化；大批依托森林栖息繁衍的生物遭到毁灭性的打击。种群退化，一部分生物被灭绝。这使生态平衡遭到破坏，导致失去制约的生物群体种群大膨胀、大暴发，结果给环境带来巨大损害。

营造良好的生态环境，是弥补人对环境破坏的有益活动，是减少环境破坏给生物种群带来毁灭压力的重要措施，因此，它也是生物防治工程的重要内容。营造良好的生态环境工程包括人工林营造工程，像中华人民共和国成立后完成的一二期“三北”防护林工程和正在实施的三期防护林工程、天然林保护工程、自然保护区建设工程、国家及各省市的森林公园建设工程等，这些工程的建设，必然有利于大批的野生生物资源的繁衍与发展，对生物间的相互控制、相互依存，对人工生物防治的种源提供，都会大有裨益。

# 引进天敌

植物的害虫随植物体及其种子的运输有时会转移到遥远的他乡。这些害虫一旦在新的地方扎下根来，由于一时还不可能建立起生态系统中相互制约的食物链结构关系，因此，它们处在失控状态。这时，如果再遇到充足的食物、适宜的气候，这些害虫很容易在新的环境中大量繁殖起来，而且几代之后就可能达到使寄主受灾的水平。在这种情况下，依靠周围的生态关系是达不到控制这类害虫目的的。人们往往被逼无奈，采取大剂量农药防治的办法来压低虫口，但往往事倍功半，得少失多。因为在杀伤这类害虫的过程中将环境中其他害虫天敌也一起杀死，结果这些害虫压下去了，另一些害虫由于失去天敌控制也接近暴发边缘。如此恶性循环，实在不划算。那么，采取什么措施最好呢？经科学家们长期观察、研究认为，只有到这些害虫的原产地，把制约它们的天敌再引进来，才是治本之道。这方面的成功例子很多，比如 19 世纪中后期，美国的柑橘树曾被吹棉蚧壳虫严重危害，1888 年，他们由大洋洲引进了澳大利亚瓢虫，结果到 1889 年底，吹棉蚧被有效地控制，而且在那里澳大利亚瓢虫还建立起永久群落，直到现在仍然发挥着积极作用。

# 引进天敌的作用

从世界上数十年的经验来看，地域不同，成功的把握也不一样。一般引进大陆地带的天敌要比引进热带或亚热带岛屿或半岛的成功百分率稍低。美国由1875～1951年间，先后由国外引进到美国大陆而且散放到田野去的天敌昆虫大约390多种，引进而未散放的有175种，其中能建立群落的有95种，成功率为24.36%。据1932年统计，在数十年间引进夏威夷岛的天敌昆虫大约不少于300种，而能够建立群落的才80种左右，为引进的26.66%。1975年，加拿大引进害虫天敌208种，成功仅44种，约为21.15%。人们认为，能够在新区域建立群落的天敌也只有10%左右。可见，引进天敌，作用是有限的。可是，从可防治害虫的种类数目来看，它还是很可观的。

80年来世界各地引进天敌来防治害虫，成功的约225起，其中岛屿和半岛的成功率最高。这大概是因为生态环境不完善的缘故。引进的天敌中寄生性的比捕食性的多。

# 选择天敌

为了提高有效天敌的引进和定居机会，选择天敌时必须从那些与自己国家的生态条件相同的地方着眼。从采集的环境条件来说，必须注意几个方面：一是一般来说，能够有效控制害虫的天敌，应该是来源于害虫原产地的。二是寻找有效天敌的首要条件是向害虫发生数量稀少的地区搜集。正常情况下，在寄主害虫原产地能把虫口密度抑制到很低的天敌才是最有效的种类，而且有希望在引进国家里保持这样的平衡。三是害虫的虫口密度低的群落中所搜集的优势天敌种类多半是新发生地最有效的种类。四是把已经发现的所有地理宗全部收集和散放到田间防治。天敌的不同地理宗防治同一种害虫能力各有不同。单独一种天敌很难有效地防治寄主所在地所有害虫，要有效防治，必须引进和饲放多种天敌。能定居的天敌种类愈多，则获得有效防治机会愈多。五是如果发现一种专食性天敌与其他一种或多种可能不是专食性的天敌发生竞争时，专食性天敌不论在饲放或采集运输时都必须放在第一位。专食性天敌的引进和定居工作比那些非专食性天敌容易得多，特别是那些需要有转换寄主的非专食性天敌，工作是很复杂的。

从天敌生物学特性来说，则要选择那些繁殖力强，繁殖速度快，生活周期短，性比大，生活习性与害虫习性吻合，适应力强，传播快，寻找寄主能力强的天敌。

# 搜集天敌昆虫

搜集天敌昆虫是使用天敌的基础，找不到天敌昆虫就是找不到种源，没有种源，应用天敌就等于无源之水。一般来说，搜集天敌有以下三条途径：

其一是搜集已被寄生的害虫，包括各个虫态。这种方法笨重，费工费时，但需要的设备极少。如果从远方搜集，空运方便的话，可事先做好繁殖准备。因此，采集少量标本就够了。

其二是将人工培养的或在田间受人工保护的未经寄生的寄主材料，暴露于田间以诱集天敌。这种方法在寄主虫口密度低的地区，很容易搜集到有效天敌。

其三是搜集活的天敌。这种方法通常只限于用来搜集与已知寄主害虫种类同属一科的寄生性和捕食性天敌种类。

由以上三种方法获得的材料，须及时处理、包装和运输。

# 运输天敌昆虫

天敌昆虫的运输，是成败的关键，通常情况下，为了减少运输过程中的消耗，采取两种方式运输，即休眠期运输和活动期运输。

休眠期运输，此方法装备较方便，死亡也少。途中经过的时间最好比休眠期短，以防止途中复苏，增加死亡。但要注意：运输寄主的卵、蛹及越冬幼虫或寄生昆虫的茧及围蛹等具硬壳的虫态最好；温度要适度，普遍用苔藓植物作填充物，越冬幼虫、蛹或茧大量装在同一密封容器时，往往会产生高温高湿，引起大量死亡，应严加注意；运输途中防止放在靠近高温的地方，如路途遥远，时间较长，以贮藏4.5℃～7℃冷库中为宜；包装的容器视天敌种类而不同，普通多用小木匣，体积不宜过大。

活动期运输，在现代航空运输发达的情况下，选择天敌的活动期运输，也是可行的。地下害虫寄生蜂运输，蛴螬的天敌土蜂及黑土蜂的运输。把寄主幼虫和它体外寄生的卵或幼虫，放人有小方格的木匣内，每一小方格内放一个寄主连同它体外寄生的卵或幼虫，再以泥土填满，一匣匣叠起，上面用木板盖好扎紧，即可运送。途中寄主幼虫不断取食食料，继续生长化蛹。寄生蜂成虫的运输最主要的是食料不能中断。温度不能过高。对于比较不活动的寄主，如蚧类，可设计一饲育箱，箱内栽种植物，其上养有害虫及天敌昆虫。

# “三北”防护林

“三北”防护林工程即西北、东北、华北根据国家规定兴建的防护林体系工程。工程东起黑龙江省的宾县，西至新疆维吾尔自治区的乌孜别里山口，东西长 7000 余千米，南北宽 400～1700 千米，总面积 347 万平方千米，包括新疆、甘肃、宁夏、陕西、内蒙古、河北、北京、辽宁、吉林、黑龙江等 12 个省、自治区、直辖市的 396 个县。一期工程从 1978 年开始到 1985 年 8 月结束，历时 8 年多。

“三北”防护林体系建设第二期工程从 1986 年开始，涉及区域由原来的 396 个县扩大到 466 个县，总面积由原来的 347 万平方千米增加到 395 万平方千米，是在 1996 年完成的。

经过两期工程建设，在祖国的北部边陲重关大地上已经崛起了一道绿色的万里长城，这是可与著名的秦长城媲美的伟大生态工程。

由于“三北”防护林体系建设的完成，横亘“三北”边陲的绿色生态屏障，逐渐发挥出巨大的防护效益。这是亿万人民在党和政府的领导下，经过几十年努力才换来的丰硕劳动成果，是改天换地的伟大结晶。这巨大的森林环境，逐渐改善了区域内人民的生产生活条件，给生态环境画上了重重的一笔油彩。

# “三北”防护林工程

“三北”防护林一期工程的任务是在保护好原有森林、草原植被的基础上，采取人工造林、飞机播种造林、封山封沙育林育草等多种方法，有计划、有步骤地营造防风固沙林、水土保护林、农田防护林、牧场保护林、水源涵养林、薪炭林、经济林、用材林，逐步形成乔木、灌木、草本植物相结合，林带、林间、片林相结合，多林种合理配置，农林牧协调发展的防护林体系，增加森林覆盖率，建设良性生态环境。

一期工程造林任务约6033平方千米，总投资超过10亿元人民币。

二期工程在保护好原有森林、草原植被，巩固一期工程基础上，继续大规模地进行人工造林、飞机播种造林、封山封沙育林育草，使“三北”地区森林覆盖率由5.9%提高到7.7%；有50个县实现绿化，并建成一批区域性的防护林体系。二期工程总造林面积63 670平方千米，飞播林1710平方千米，封山封沙育林育草15 450平方千米。其中以北京市周围的绿化、毛乌素沙漠及科尔沁沙地的防风固沙林，北京—包头—兰州铁路沿线的防护林，黄河沿岸的防护林为重点。

## 天然林保护工程

我国的天然林资源十分有限，除了长白山、兴安岭、天山、武夷山、喜马拉雅山等名山大川因交通不便、人烟稀少尚有部分原始林外，其余的天然林也都分布在边远地区。我国剩下的天然林尚未开发的主要是雅鲁藏布江大峡谷周围的原始林，这是面积最大、种类最多、林相最好的森林。此外，还有云南西双版纳和莫里的热带雨林，福建武夷山周围的亚热带常绿林，江西井冈山、湖南张家界、湖北神农架的亚热带常绿林，东北、内蒙古长白山的原始林、兴安岭的落叶松林，河北的燕山山脉、西北的秦岭、天山周围的温带、寒带天然林等。天然林是人类的宝贵财富，是各种生物栖息繁衍的胜地，也是生物的最后避难所、保护地。如果没有这些天然林，物种的灭绝说不定要比现在快得多。地球上多样性的生物早就受到残酷的考验。这些天然林环境所以景观非常美丽，到处鸟语花香，就是因为那里的生态结构合理，各种生物之间形成稳定的依存、制约关系，达到动态平衡，实现了生物之间的相互控制，这是比人工生态环境还要自然、和谐、合理又有效的生态结构。是人们追求的理想生态模式。

森林是大地的肺，更像大地的腮，没腮没肺，地球何以呼吸！保护天然林是每个人的责任，是荫及子孙的大事。

# 封沙造林工程

专家们测算，沙漠每年以扩展 2460 平方千米的速度漫延，仅内蒙古沙漠每年就向北京推进 20 千米。如果这种势头不被遏制住，再过 50 年，它就可能完全吞没呼伦贝尔草原、锡林郭勒草原。再过几个世纪，北京会不会变成今天的“楼兰古国”，会不会出现“三北”大地难觅一块绿洲？

在沙漠中造林，利用森林深达土壤一米的根系，可以固定周围 100 平方米面积内的沙丘不再流动。据统计，0.01 平方千米森林可贮水 500～2000 立方米，比无林地多出 20 多立方米，所以，森林相当于一个小水库。森林内水分蒸发量比无林地减少 33%，土壤耕作层含水量也高达 23%。防护林内日平均空气相对湿度比对照提高 28%，因此，森林使耕地耐旱。降水落到森林，有 10%～20%被林冠层截留，林下土壤落叶层能阻挡地表径流 50%～80%，所以森林还可抗洪。

如果按目前我国水土流失面积每年 150 平方千米来计算，流失土壤达 50 亿～100 亿吨，等于减少耕地 3333 平方千米～6667 平方千米，损失氮磷钾总量达 4000 多万吨。而无林地流失土壤是有林地的 44 倍。20 厘米厚的表土层被雨水冲净所需时间，林地为 57 万年，裸地才 18 年。

我国每年沙化土地 0.4 亿平方千米，有防护林的地方，10～15 倍树高范围内表面风速可降低 50%以上，0.01 平方千米防护林可保护 1 平方千米农田。封沙造林是锁住风沙，保护耕地，减少风灾，防止土地沙化的一剂良药。

# 森林的价值

森林是地球的肺，如果一个成年人每日呼吸所消耗氧气为 0.75 千克的话，那么，0.01 平方千米森林每天产生的氧气可供 975 人呼吸用，即 735 千克。

地球上每年进人空气的 $CO_2$ 为 183 亿～231 亿吨，0.01 平方千米森林每天可吸收二氧化碳 1005 千克，当空气中二氧化碳浓度为 1%时，人就会出现危险。人所以能健康生存，多亏有森林来消耗这些二氧化碳。二氧化硫也一样，全世界每年向大气层排放的二氧化硫量达 1.4 亿吨，这足以置地球上一切生物于死地。可是正因为有了森林，才吸收了这些二氧化硫中的大部分，使得二氧化硫含量在安全水平之内。如 0.01 平方千米柳杉，每年吸收 720 千克二氧化碳，森林正是解除二氧化碳毒化作用的因素。

世界上 90%以上的陆生植物生长在森林之中，森林中生物量占陆地生态系统的 53.4%。0.01 平方千米森林年生物量达 100～400 吨，相当于农田或草原的 100 倍。一株 10 年生树木，产生的氧气价值 3.1 万美元，创造的环境价值相当于 6.2 万美元，涵养水源价值约 3.9 万美元，生态价值为 3.1 万美元，可提供蛋白质价值为 0.2 万美元，加在一起约为 109.68 万元人民币。如果把森林仅仅当成木材来使用太可惜了！

# 古生物工程

古生物挖掘，是展示历史上万千生物的原貌的一次艰巨工程。在诸如繁星的古生物考证中，恐龙灭绝是当今人们十分渴望了解的一大谜疑。正像人们常说的那样，恐龙是怎样灭绝的？脊椎动物是怎样从水中来到陆地的？鸟类是怎样飞上天空的？人又是怎样起源的？这是一个个科学历史上的千古之谜。

的确，生物从它诞生之日起，至今已经演化、进化了30多亿年，这30多亿年间，各类生物都是怎样演化的？生物何以会是今天这个样子？生物未来会向怎样的方向演化？……事实上，只有作出合理的、科学的解释，人类才能在自然物种的演化中对自己的行为作出正确的判断，对自然的演化作出正确的回应。30多亿年的历史给人类留下了数不清的问题和谜团，这些问题困扰着人类几个世纪，若回答这些问题，去哪里找答案？地球。地球是一部很难读懂的艰涩的天书，它几乎无所不有，每一层泥土都述说着远古那生动的故事。古生物挖掘，是一项十分复杂的工程，它教会人类正确地认识过去，科学地开拓未来，它和其他生物工程一样是科学殿堂的系统工程。

# 鸟类是恐龙后代

鸟类的祖先也可以说是恐龙。以前人们一直把始祖鸟当成鸟类的祖先，一直到1996年，我国科学家季强发现辽西出土的龙鸟、孔子鸟化石，才对鸟的祖先进行了重新认识。从生物进化角度看，鸟的出现要比爬行类晚，爬行类是在3.5亿年前出现的，到1.95亿年前的侏罗纪，鸟类才开始出现，它甚至要比哺乳类的2.3亿年还要来得晚。季强发现的中华龙鸟有着明显的纤维状皮肤衍生物，骨骼特征完全同食肉型小型恐龙相似。他认为，纤维状皮肤衍生物是原始羽毛，这一小型恐龙应属于恐龙鸟，它是恐龙中会飞的一类，是产生或说后来进化成鸟类的那一类。季强的这一看法得到美国蒙大拿大学、化石分析专家马利希瓦尔教授的支持，当这位学者将羽毛和毛发所具有的蛋白质进行分析后说：中华龙鸟身上的纤维状皮肤衍生物就是羽毛，而不是毛发。美国加州大学凯文派丁教授也说："中国发现的这个东西正是我们要找的恐龙和鸟的中间过渡性生物。"2000年冬，季强又在辽西凌源大王杖子发掘出距今1.3亿年前的小型恐龙——奔龙化石，这是一个体长80厘米的小型温血类恐龙。这无疑给鸟是原始爬行动物演化而来的学说，增添了新的证据。人们坚信，孔子鸟、中华龙鸟、奔龙，它们是鸟类最有可能的祖先。

# 仿 生 学

从进化角度而言,人是地球上所有生物进化的最高代表,人的大脑最发达,人能设计并制造各种机械和工具,人能研制电脑、制造航天器飞天……这是已知的地球生物谁也没有做到的。但是,这并不等于说人什么都最行,最高级。比如,人的鼻子不如狗鼻子灵敏;人的眼睛不如猫的眼睛,猫眼能夜视;人的耳朵不如兔子,兔子耳朵可以转来转去寻找发出声音的方向等。举这些例子,恐怕没人反对,但要说人在某些方面甚至不如苍蝇蚊子,恐怕就没人相信了,然而,这也是真的。苍蝇对移动物体的反应速度比人快 5 倍;蚊子对空气中二氧化碳浓度的反应灵敏度更是人类所不及。

而人所以为高智能生物,所以为人,正是人类能够不断地发现各种生物的长处,又能通过分析比较,设计出各种类似于那些生物长处的机械和工具,帮助人们弥补自己的短处,从而战胜自然,使其为人类服务,这就是仿生工程。它当之无愧的是现代生物工程学的组成部分,是生物工程的重要内容。

# 地速仪与仿生学

森林里有一种甲虫叫象鼻虫，它与夏天里大米中生出的黑甲虫很相似，头部长而尖，酷似大象的鼻子，因而得名。

这类虫子很厉害，专门吃树叶、啃树枝，生在米中更是将米嗑得粉碎叫人无法食用。人们叫它们害虫，是根据它们对人类的利害关系区分的。就是这种害虫，它却有一种特长，那就是它能在飞行中准确地判断着陆的目的地或猎捕对象与它所在位置的距离，然后准确地飞到目的地或猎到猎物。这本领不为不大，因为它要考虑自己的速度、高度，也要考虑猎捕猎物飞行方向和速度。自己该以什么速度、沿什么方向、预留多大提前量才能正好碰到一起呢？然而，象鼻虫不会计算，也不会数学、物理，它靠组成复眼的若干单眼的视物本能，就能从物体在复眼上移动距离作出准确判断，迅速反应。

科学家们研究了象鼻虫单眼和复眼视物原理，受到启发，仿照这一原理设计并制造出了地速仪。有了地速仪，根据炮弹、导弹、飞行物在空中飞行时单位时间内移动距离，很快就能通过电脑计算出其高度、方向、速度，于是便会决定自己发射导弹的方向、速度，就会准确无误地命中目标。谁会想到这样尖端的技术竟然来自一个小小甲虫呢。

# 气体分析仪与蚊子

前面已经提过，蚊子对二氧化碳十分敏感，空气中的二氧化碳浓度只要发生轻微变化，蚊子都会循着气味袭来。这与它的习性有关，蚊子是吸血成性的动物，它的营养主要依靠吸血来取得，如果没有这般手段，就很难在自然界存活。血主要来自动物，特别是哺乳动物。众所周知，哺乳动物的呼吸，呼出的是二氧化碳，吸入的是氧。蚊子就是靠这找到袭击对象的。

科学家研究了蚊子的这种本领之后，深受启发，他们想，如果能制造出一种仪器，也像蚊子一样，在动物呼出二氧化碳时，可以很快将动物找到。后来，科学家们真的做到了，他们研制出不止一种这样的仪器：比如用来测量宇宙飞船上舱内二氧化碳浓度的气体分析仪，用来跟踪海中鱼群的数式测向仪。这些精密仪器在宇宙飞行中、在潜水作业中、在海洋捕捞中都起到了非常了不起的作用。比如航天器舱内二氧化碳浓度，它关系着宇航员的健康，甚至关系到宇航事业的发展；而科学准确地确定鱼群方位、潜水员方位，对海洋捕捞业的经济效益、对潜水员的生命安全都具有十分重大的意义。可见，蚊子虽小，通过仿生技术研究，却能为人类派上大用场。

# 昆虫触角

在自然界，无论在万花丛中还是在密林里，昆虫总是来往自如、穿梭无阻，这是为什么？按说，昆虫的眼绝不比别的动物锐敏，它们其实都是近视。昆虫没有耳朵、没有鼻子，它们何以如此敏捷，“身手矫健”？原来，它们的眼有特异功能，它们的触角有特异功能。

昆虫的眼有单眼、复眼之分，通常每只昆虫有一个单眼、两个复眼。比如蚂蚱，单眼长在脑门，复眼长在脸颊两侧，活像二郎神。昆虫的复眼由许多单眼组成。苍蝇的复眼由4000个小眼组成；蝴蝶的复眼球形，由1.2万～1.7万个小眼组成；蜻蜓的复眼犹如两个灯泡，它由2.8万个小眼组成。复眼愈多，视物愈清楚，反应愈快。像前面所说的象鼻虫，物体在它复眼中的两个小眼间的距离它会很快捕捉到，因此，它会迅速掌握自己的方向、速度，飞快地扑向目标。昆虫的触角是长在头顶的两个须儿，它如雷达天线，灵敏得很。它可以通过这对须对周围环境中的任何变化了如指掌，比如声音产生声波使“须儿”的振动；风儿使“须儿”的振动，它都会敏锐地感知。

触角上生有无数感觉窝，窝内生有许多神经细胞，这些神经细胞又与脑神经中枢相联系，一有风吹草动，很快就能传到中枢神经，而中枢神经便会发出指令，作出各种反应。

# 超声波驱蛾器与蝙蝠

蝙蝠是个十分丑陋的家伙，但它是飞翔冠军，在漆黑的夜晚哪怕伸手不见五指，蝙蝠穿梭在各种障碍物之间，仍如履平地。蝙蝠靠什么具有这样高超的飞翔本领？那就是超声波。

蝙蝠在飞行时能发出超声波，它靠超声波探路，靠超声波导航，依靠超声波传回来判断物体的形状、性质、距离、方位……这种本领在许多生物身上都有，但人类却不行。然而，有一些昆虫却能感知这种波，在蝙蝠到来之前，便闻声遁去。如夜蛾，它们是蝙蝠最喜欢吃的昆虫，但蝙蝠十回九空，就是捕不到它，什么原因呢？原来，夜蛾胸部与腹部之间有一凹陷的小孔，它是夜蛾的“听器”。这听器外层是一透明薄膜，即鼓膜，内有一腔，即鼓膜腔，腔中有两个听觉细胞，当超声波振动鼓膜时很快会传到中枢神经，没等蝙蝠到，夜蛾已经逃向花丛之间。

人们在研究了蝙蝠所发超声波频率为 21 千赫后，针对夜蛾逃避蝙蝠追杀的行为原理，制造出一系列科学仪器，帮助人们驱赶害虫，甚至用在国防建设的尖端领域里。如超声波驱蛾器，可用来驱除害虫保护作物。在航天器上可以捕捉各种无线通信信号，经过筛选，可以掌握敌对一方动向，从而有效控制战争局面。

# 昆虫的特技

地球上的动物数昆虫最多，约占动物种类的 3/5，近 150 万种，从数量上昆虫的总和约是人类的 12 倍，因此，昆虫不可忽视。尤其有相当多的昆虫表现出各种各样的特异功能，这些特异功能，有许多是其他生物所不及的。而这无法估计的各式各样的特异功能，正是人类仿生学研究的重要内容，也是仿生技术、仿生工程十分重要的信息资源。

蟑螂走路，尾巴总是高高翘起，它那叉状的尾巴是什么，是听器，专家们称它为毛状感觉器。它的作用好比无线电天线，只要它高高举起，对任何微小的振动，哪怕是一丝微风，它都能感受到。

美国的舞毒蛾，它也有毛状感觉器，那就是布满全身的线毛。哪怕环境中有小到 32 赫兹大到 1024 赫兹的任何声音，它都能准确地捕捉到。所以，每当暴风雨来临，舞毒蛾便从树上垂吊到地面，早早地躲起来。

蟋蟀也有听器，那是长在腿的胫节侧面的形状像鸭蛋一样的缝。蟋蟀用腿摩擦这条缝而发出悦耳的叫声，这叫声的声波撞到物体反馈回来，蟋蟀便可判断出周围情况的变化，一有动物靠近，它便逃之夭夭。蝗虫则靠听器彼此联络呼应，尤其迁飞千里途中，靠此保持不掉队。

# 量子计算机

量子计算机能够实现量子并行计算，解题速度会比普通计算机提高数亿倍，由于量子叠加效应，几个量子位可储存 α 的 n 次方个数据。如果对一个 400 位数的数字进行因式分解，使用世界上最快的巨型计算机少说也得算 10 年，但是，如果使用量子计算机，只需 1 年左右时间就足够了，可见量子计算机是何等神奇。

与量子计算机一样，生物计算机也是未来新型的计算机之一。自从 1994 年提出 DNA 计算机概念以来，世界上所有发达国家都在加紧对生物计算机进行研究开发。美国洛杉矶加州大学研究小组开发出叫“环连体”的分子微型开关，这些细如毛发的开关可以重复开闭，这就为制造随机存取储器提供了可能。这是计算机的关键部件，它一旦问世，就意味着离生产可纺织在衣料中的生物计算机时代已经不远了。

科学家设计的生物计算机模型中，DNA 绝大多数都悬浮在充满液体的试管内执行运算，这与传统电子计算机以“0”和“1”代表信息不同，在 DNA 计算机上，信息以分子代码形式排列在 DNA 上，利用特定的酶充当软件，来完成所需的各种信息处理工作。DNA 计算机有巨大存储能力，1 克 DNA 所储存信息量可与 1 万亿张 VCD 光盘相媲美。试管状生物计算机含有的每一个遗传物质片段，都相当于一台微型计算器，总有一天，电脑会超过人脑的极限。

# 纳米技术与生物

前不久，美国密歇根大学生物纳米技术中心展示了“纳米炸弹”的威力，这种炸弹不会“轰”地一声爆炸，它们是一些分子大小的小液滴，大小仅有针尖的1/5000。它们是消灭生化武器炭疽病孢子的有效炸弹。如果调整一下这种炸弹中豆油、溶剂、清洁剂和水的比例，它又会杀死流感病毒和疱疹。同时，它们还对大肠杆菌、沙门氏菌和李氏杆菌有较强的抑制作用。在生物活细胞中含有各种各样的由蛋白质组成的纳米马达，它们让肌肉收缩，能进行光合作用，如果重新设计一下这些马达，创造出更新的产品和流程，生物的自我复制应当会像工厂里组装机器那样变得愈来愈容易。正像组成 DNA 的双螺旋结构一样，即使在复杂的化学混合物中相互分离，它们也容易找到对方。这个现象十分有用，比如将全球连接到单股 DNA，会使两股 DNA 互相缠在一起，形成一种新材料。

现在，全世界都在为计算机小型化而努力，都希望总有一天，计算机所使用的存储芯片能比细菌还小，因为芯片上的晶体管越密集，计算机处理速度越快。

纳米技术的发展给这种希望提供了可能，纳米离不开生物技术的辅助，把细菌大小的芯片纺织到布匹里，让人穿上衣服就能操纵电脑，那时，人的能力又扩大了许多倍。

# 生物计算机

未来的生物计算机是不可思议的，它可能帮助人们从事任何事情，这绝不是哗众取宠。比如它可以代替人进行新药的临床试验，它通过运算来模拟人体可能发生的各种反应及变化，只要把药物成分描述在生物计算机上，它就会迅速作出反应，准确地告诉您可能出现的结果。将生命活动的指令进行编码的遗传分子 DNA 和 RNA 里存储进比常规芯片更多的数据，试管状的生物计算机中尤其含有大量的遗传信息片段，实际上每一个片段就是一个微型的计算工具，一个 DNA 分子就等于无数个生物计算机，它们能同时进行数千次、亿万次的计算。

科学家们指出，生物计算机不管怎样发展，它们都永远不会取代硅芯片计算机。但生物计算机的出现丰富了我们对计算机的概念，那就是计算机不一定是昨天的算盘，也不一定是今天这样有鼠标、键盘等模式，计算机可以是任何样式的东西，DNA 计算机就完全如同抽象派的作品，它拓宽了人们的眼界。

美国 IBM 公司利用 5 个原子作为处理器和储存器，开发出量子计算机的实验机。清华大学量子计算机实验室已经完成了利用 2 个原子进行量子计算机的实验。正像前面提到的以 1 克生物计算机的 DNA 所储存的信息量可与 1 万亿张 VCD 光盘相当，人类仿生学的发展，仿生技术的进步，难道不会研制出某种工具超过人类智慧的极限吗？相信，会的。

# 绿色植物工程与农业

农业革命仰仗绿色植物工程，因为绿色植物工程是解决人类粮食自给，摆脱生存危机的唯一出路。以中国为例，我们现在每年增加人口 1600 万人，而耕地面积每年减少约 5000 平方千米，21 世纪初中国将面临人均耕地不到 667 平方米的困难局面。人均粮食还不到 375 千克，此时粮食总产量如果达不到 4800 万吨，就可能出现粮食饥荒。可是要达到这个目标就必须每年增加粮食 50 亿千克。一方面耕地减少，一方面粮食增加，靠什么将这对矛盾统一起来？只有靠绿色植物工程，也就是实现农业革命。实践证明，农业革命，实施绿色植物工程，是摆脱粮食困境的唯一出路。以前墨西哥、印度都是粮食进口大国，但是他们自 20 世纪 60 年代开始由于引进矮秆抗倒伏、抗锈病、耐水肥的高产小麦良种后，产量一下提高了 5 倍，一跃从粮食进口国成为粮食出口国。菲律宾以前粮食也不能自给，自从他们推广了半矮秆、抗倒伏、耐肥高产的水稻良种后，终于实现了粮食自给。这些由传统育种技术带来的产量变化，关键在于品种的改良与创新。然而，农业革命的第二个进程就更叫人们惊奇不已，绿色植物工程不但实现了粮食持续增长，而且通过育种技术的革新，真正做到了品质优良、营养价值优良、抗性优良，实现了稳产高产的美好愿望。因此，绿色植物工程是实现农业革命的精髓。

# 固氮调控

生物固氮在经济、节能、环保等方面都具有十分重要的意义。地球周围的大气层中氮气占 80%，而生物界内仅有少数原核生物具有将气态氮还原为氨，从而为自己所利用的能力。绝大多数植物所需要的氮素营养，都必须依靠外源，即从土壤中汲取。人们为了追求高产，过多的使用氮肥，结果，土地板结，环境污染造成环境的恶性循环，从总体看得不偿失，到头来受害的还是人类自己。

生物固氮就全然没有上述问题。自然界中固氮体系分自生固氮、共生固氮和联合固氮三类。自生固氮靠菌类，即固氮菌，比如肺炎克氏杆菌，它有 14 个 nif 基因，其产物是合成有效固氮酶的主体。共生固氮也靠菌类，如根瘤菌，它包括四个属，主要是寄生在豆科植物根部的固氮菌。联合固氮也是菌类在发挥作用，它指的是那些定植于植物根系、与植物间有密切关系的而在植物根上又不形成特异化结构的固氮菌。如固氮螺菌。

固氮调控是固氮酶将氮还原为氨时，由固氮菌的参与最大限度地节省自身能源。氨离子是一种调节信号，氧分子也是一种调节信号；在具有替代固氮酶的菌中，固氮酶铁钼辅因子中的金属及根瘤菌的共生固氮系统中的共生信号场，是影响固氮系统的环控调节信号。这些调节信号以各种方式控制着固氮酶的合成与活性。因此，固氮调控，为绿色植物工程之首。

# 直接转化外源基因

所谓直接转化外源基因，就是以纯化的重组DNA导入植物细胞以期获得转基因植物的技术。这项技术起始于20世纪80年代，它发展很快，尤其在单子叶植物的转化中占有重要地位。在双子叶植物转化中，农杆菌介导法应用得最早，也最成熟。目前，已经获得100多种转基因植物，其中利用农杆菌介导法转化的占多数。当然，农杆菌介导法也有它的局限性，如对大多数单子叶植物则难以应用，因为这些植物几乎没有农杆菌介导转化所必需的创伤反应。目前，单子叶植物仅有芦笋具有良好的创伤反应，少数水稻品系对农杆菌传染也有反应，但毕竟极少。为了在更多植物中建立导入外源基因的试验体系，近年相继发展了不依赖农杆菌或不依赖植物基因的直接转化技术。由于可导入的基因日益广泛，直接导入外源基因所用受体材料也日趋多样化，由原生质体到悬浮细胞，愈伤组织、胚、下胚轴等，甚至由离体培养的转化系统发展到原位转化系统。

早期的直接转化大都以原生质体为受体材料，用化学共培养法促使原生体摄入外源DNA，如用聚鸟苷酸促进质粒DNA导入矮牵牛原生质体，从而得到转化的愈伤组织。以后建立的聚乙二醇法、电击法、脂质体介导法，均随禾木科原生质体分离培养技术发展而发展，基因枪转化法、组织与细胞电击法、激光微束穿刺法、显微注射法以及碳化硅纤维介导法等，都是直接转化外源基因的代表。

# 基 因 枪

基因枪是近来研制出的最新转化外源基因的工具，操作简便，方法先进。它采用细胞穿孔方法，可将外源基因直接导人完整的细胞内和组织中，克服了细胞壁质膜的障碍，因此对单子叶植物和双子叶植物都适用。应该说，基因枪技术的诞生，使转化外源基因技术发生了一系列突破性进展。

由离群培养转化发展到原位转化，如用便携式基因枪原位转化小麦生长锥获得转化植株在植物体器官原位直接导人外源基因的方法；如花粉管通道法；子房注射法。这些方法都是有针对性地将外源基因导入配子，使外源基因进入合子而发生整合，并在植株原位发育成熟，这就避开了组织培养和植株再生过程，在具备有性生殖过程的任何植物上都能应用。

# 外源基因导入

无论采用什么方法使外源基因导入植物受体，有三个方面处理不好，就会前功尽弃。这三个方面：

一是当外源基因导入植物受体后，还必须千方百计地为外源基因的生长建立一个良好的转化系统，被转化的受体应具有较充足的能够再生的细胞，并对转化具有良好的感受态。

二是在构建目的基因的同时，应选择适宜的筛选标记及报告基因，以便在适当的筛选条件下分离出转化体。

三是外源基因必须很好地整合到受体细胞中去，而创伤最小，使细胞持续增殖并再生完整植株。在目的基因完整地构建到植物表达载体后，应特别注意被转化受体植物的生物学状态与转基因方法的选择。

# 太空农业

最近，中国航天集团所属的东方红航天生物技术公司在北京郊区建成了国内第一个航天生物产业化基地——东方红航天生物产业化基地，它利用科研优势将遨游太空的微生物、植物种子进行筛选培育，以形成规模化生产。这开辟了我国太空农业的新纪元。

其实，利用航天器进行生物技术试验研究自从有载人航天器，就有了这项科研内容。中国是从 1987 年才开始用卫星搭载微生物菌种和植物种子，进行科学试验的。十几年来，先后送出 500 多种微生物和绿色植物；试验取得了丰硕成果。但是，由于人才培养机构、专业人才短缺，目前，已经成为制约我国航天生物技术向产业化快速发展的瓶颈。鉴于航天生物技术和空间制药已成为太空竞赛的焦点，中国航天科技集团空间技术研究院日前决定：联合北京航空航天大学，专门为中国航天生物技术培养急需人才。我们相信，在不太遥远的将来，中国老百姓们吃到在太空栽培的瓜果、蔬菜，服用于太空生产的药品，已经不是幻想。

# 转化基因植物

基因枪轰击需要具备以下条件：第一，微粒子与DNA、钨离子是最先被用于此技术的，比如将烟草花叶病毒RNA吸附到钨粒子表面，轰击洋葱表皮细胞，经检验发现病毒RNA能够进行复制。所以，基因枪转化外源基因第一个条件就是必须制备金属微粒和脱氧核糖核酸。第二，粒子的速度与距离，一般吸附DNA的微粒子应以400米／秒的速度射入受体细胞，过大的速度容易穿透细胞，过小的速度则达不到细胞核内。第三，外植体的选择，未成熟胚、成熟胚、子叶、下胚轴、幼穗、盾片、腋芽、生长锥、叶片、茎尖，以及体细胞胚、胚性愈伤组织、悬浮细胞系、小孢子、花粉胚等。第四，微粒子弹制备，首先是将金属微粒消毒，再将其置于50%甘油中，压缩气体枪用50%甘油，每毫升60毫克，也可用无菌水重悬。取25微升微粒子悬液、8微升DNA溶液、25微升2.5摩尔氯化钠及10微升0.5摩尔亚精胺，在4℃条件下涡旋片刻，室温下经15分钟或冰上30分钟再离心片刻，然后从6微升混合物中吸出并弃去58微升上清液，每支基因枪仅用余下的2.5微升。转化基因的目的是将原植物改良，培育出新的植物性状，实现稳产高产。目前转化基因植物很多，除了玉米、水稻、小麦、高粱等，大豆、牧草、甘蔗也都取得成功。

# 农杆菌介导

农杆菌是一种革兰氏阳性土壤杆菌，早在1907年，科学家就从植物所生长的瘤中分离出来。后来了解到，它们不但能够使植物细胞形成肿瘤，还可以诱发冠瘿瘤，诱导毛发壮根的产生。农杆菌种类不多，比较有代表的是根癌农杆菌和发根农杆菌。

研究发现，根癌、发根，这两种农杆菌中分别有一种环形质粒，质粒上的一段DNA包含有生长素和细胞分裂素基因，如果把它插入植物细胞基因组中后，可以引起细胞转化。由于质粒上的这段DNA能够进行高频转移，可以将外源DNA移到植物细胞中去，并利用细胞的全能性，经过细胞或组织培养，就可以由一个转化细胞再生成一个完整的转基因植物。

农杆菌根据其产生冠瘿碱的不同又可分成不同菌系：比如根癌农杆菌包括胭脂碱型、章鱼碱型、琥珀碱型等。发根农杆菌则包括农杆碱型和甘露碱型。经不同菌株间的比较，最有效的农杆菌菌株就可以被筛选出来。之后经过培养，基因活化，就可供人使用。

# 外植体前培养

所谓外植体，一般以叶柄、子叶柄、下胚轴以及茎的转化成功率最高，用得也最多。

农杆菌接种外植体，将外植体浸人菌液中 30 分钟左右，取出后用滤纸吸干水分，然后进行 5 天左右的共培养。

共培养方法是将外植体经农杆菌接种后，在滤纸上吸干水分，除去过量菌体，然后移到覆盖着 1～2 层滤纸的诱导愈伤组织或芽分化固体培养基上，如在液体培养基内进行，则容易造成外植体软腐。

最佳共培养的时间，不同种、不同外植体、不同农杆菌菌株也不一样。一般黄瓜 4～6 天，马铃薯 4 天，烟草 4 天，花生 2 天，豌豆 5 天。不同外植体对农杆菌的敏感度不同，基因表达速度也不一样，烟草叶片对农杆菌敏感，2 天后即有高频率的 as 基因表达。

在经过共培养的组织中，转化细胞非转化细胞比只占少数，两者竞争很激烈，因此采用什么样的转化细胞要经过仔细选择。各物种转基因成功使用的选择也不一样，在具体操作中都要充分注意，不能张冠李戴，也不能千篇一律。

# 快速繁殖技术

快速繁殖技术是一个新名词，因为传统方法无所谓快也无所谓慢，春种秋收按部就班。植物快速繁殖是在组织培养技术发展到今天，客观出现的一项最新技术，或曰高新技术。没有“组培”基础，也就不会产生这项技术。

植物快速繁殖的关键是个“快”字，那么，快到什么程度？怎么快也不能几天几小时就收获种子，繁殖下一代吧？然而，情况就是如此。几天几小时就要收获成万上亿的种子，这在以前是连想都不敢想的，现在，它是现实。

植物快速繁殖采用的材料主要来自单一的个体，它的遗传性状非常一致。试验与生产过程可以微型化、精密化，省人省力省物，温度、光照容易控制，全年生产、工厂化生产无任何技术障碍，所以，它是一项很有前途的工作。

植物快速繁殖从理论上应属于组织培养范畴，是地道的植物细胞工程，因此，它应用的基础理论仍然属细胞生物学、分子生物学、生物化学以及分子遗传学原理、方法和技术。这是一项完全按照人的意思进行设计，然后有计划大规模地培养植物组织和细胞，最终获得所需要的生物产品；或改变细胞内的遗传物质以产生新的植物品系和品种的技术。

# 快速繁殖代表种

植物快速繁殖是植物种苗市场化的基础，不能想象到市场去出售秧苗、花卉而靠大自然繁殖，几个月 200 多天的生产周期，种什么也不会有好的经济效益。而植物的快速繁殖使这一切都成为可能，君不见水稻育苗工厂化，花卉栽培工厂化，草坪种植工厂化，这仅仅是开始，以后人们吃的蔬菜、水果、粮，穿的棉花、用的树木，都可以通过快速繁殖来实现。

据科学界反映，这几年我国开展植物快速繁殖研究进展很大，将近 100 多个机构在通过此项技术生产香蕉、甘蔗、草莓、康乃馨、桉树等。特别是通过此项技术繁殖珍稀濒危植物方面也实现了突破。安徽黄里软籽石榴，从仅存的几株残枝上经过快速繁殖现已发展到 2 万多株；樱桃中的珍品——太和樱桃，用成年老树的芽进行离体培养成苗；用快速繁殖进行野生棉花的抢救式扩繁，这些都是令人鼓舞的例子。

目前，采用快速繁殖对观赏植物、粮食作物、蔬菜和调味植物、水果、坚果、药用植物、森林植物等几乎都取得可喜进展，繁殖技术的改进使这些都成为可能。直接从外植体或愈伤组织分化而获得再生植物，不再是幻想。因此，植物的组织培养用于无性繁殖方面已经成为农业中应用越来越广泛的技术。

# 速繁必须脱毒

植物快速繁殖，必须经过脱毒处理，只有得到无毒苗，才能最大限度地发挥植物自身的性能，创造新的产量。一般快速繁殖技术流程要包括脱毒处理、选育新品种、种源保存、人工种子研究等。而首要的工艺是脱毒。

以茎尖培养为例来说明其工艺流程，切取茎尖，因为茎尖是生长点，新长出的茎尖受污染程度小，切取的茎尖越小，受污染越少，而且也容易成活。以康乃馨为例，切取的茎尖为 0.1、0.25、0.5、0.75、1.25 毫米六种规格，脱毒率分别为 100%、89%、60%、33%。也就是说，切取的组织愈小愈好。当然，剥取茎尖十分困难，需要在显微镜下进行。一般切取 0.2～0.5 毫米带 1～2 个叶原基的茎尖作为培养材料，操作必须熟练。脱毒处理分物理脱毒和化学脱毒两种。

物理脱毒，一是高温处理，即在 50℃温水中浸渍数小时；二是热风处理，一般在 35℃～40℃热风下放置，时间随种类而异，如康乃馨，在 38℃下需 2 个月，马铃薯，在 35℃下(茎尖)几个月，37℃(块茎)20 天即可；三是低温处理，又称冷疗法，如菌花植株在 5℃下经 5 个月再切取茎尖培养，可除去菊花矮化病毒。

化学处理则用嘌呤、嘧啶、氨基酸、抗生素等，在植物体内或离体叶片内进行抑制病毒的增殖，或设法使其不活化。

# 人工种子

人工种子就是经过组织培养而生产出来的种子，它与正常合子胚相似，也叫胚状体，因为它来自细胞，也被称作体细胞胚。人工种子就是将胚状体包裹在含有各种种子发育所必需营养的同时又具有保护功能的包膜之中；这种种子在适宜的条件下不但能发芽生根，而且能开花、结果。在广义上讲，也可以将用凝胶包裹的植物的顶芽、腋芽、小鳞茎都当作人工种子，因为它们都能发育成真正的苗。

人工种子优点很多。第一，是一些在自然条件下不结实或种子很昂贵的植物，可以通过人工种子进行繁殖，无论是换取经济效益还是利用其传宗接代，理论上没什么问题，实践上也说得过去。第二，是繁殖的速度快，这包含两层意思，一是繁殖的周期短，二是繁殖的数量多。比如用一个体积为 12 升的发酵罐来通过人工种子方法繁殖生产胡萝卜体细胞胚。只需要 20 天时间，就能生产 1000 万粒种子。这些种子足以供人们播种 0.1 平方千米胡萝卜。第三，这种人工种子可以有固定的杂种优势，使 F1 代杂交种多代利用；使优良单株能够快速繁殖成无性系品种，缩短育种程序和时间。第四，人工种子代替自然种子，节省了种子资源，缓解了种子紧张局面，为以粮油或植物种实为原材料的工业生产提供了较大的原材料空间，促进了相关产业的发展。第五，人工种子生产过程中可控制性强，便于在包膜中添加必要的生长素和抗害物质，有利于生长发育。第六，减少污染，易贮存、易运输、低成本、高效益，它必将成为绿色植物工程的核心。

# 器官外植体速繁

植物的根、茎、叶、花都是植物的器官，这些器官以及从它们身上切取的每个小片段，都可以作为快速繁殖材料——外植体。所以，切取茎尖、腋芽进行离体培养，也是快速繁殖的主要内容。如何诱导器官分化，产生小植株才是快繁的目的。器官做外植体有8个途径：器官型、器官发生型、胚状体发生型、原球茎型、球茎芽型、块茎型、鳞茎型和矮枝扦插型。一般植物茎尖是分化组织区，这个区域拿来培养，无论地上还是地下部分都能产生小植株，所以又叫全能区域。每一叶腋内都有腋芽的分生组织，受顶端优势影响它被抑制，只有少数长成侧枝。茎尖培养时需要调节培养基中细胞分裂素的浓度，除茎尖长出芽外，在芽的叶腋内已有的芽原基再陆续长出小芽，腋芽不断形成又继续萌发从而形成丛生苗。如草莓、菊花、大岩桐的茎尖，甘蔗腋芽的培养。

在自然界，许多植物的器官常常产生不定芽，其他诸如花茎、花器官的小块组织，在培养时都可诱导产生不定芽。比如番茄、芥蓝、花椰菜、芥菜、水仙等。当用这些植物的器官进行繁殖获得小植株后，还可以继代培养，再产生不定芽以扩大繁殖系数。这一增殖过程所获得的苗数远远超过扦插中一芽一苗的定式。更重要的是，以芽增殖进行繁殖，其遗传性状稳定，是快繁中的主要手段。

# 胚体发生型器官

胚体发生型器官实际上应用得最早，大约从20世纪50年代开始就有人研究并应用。利用胚体发生型器官，细胞增殖的顺序与受精种发育相类似，大体上经过原胚→球形胚→心形胚→鱼雷胚→子叶胚这5个时期，故称类胚途径，最后才发育成完整的植株。由于高等植物的细胞具有全能性，那些来自自体的细胞不管自根、自茎、自花、自叶都是体细胞胚。尤其禾本科植物，胚状体很明显。通过成熟的胚经诱导培养形成胚状体再生植株。胚状体可是愈伤组织，也可不经脱毒分化直接从子叶、下胚轴、花药培养而成，通过胚状体培养可获得大量植株，大幅度提高繁殖率。

近来，快繁技术发展很快，空气驱动反应器与磁性稳定流体床的应用以及悬浮细胞培养、固化细胞培养生产紫草宁、花青素、烟碱、咖啡因等，都很成功。南京药科大学甚至在人参、紫草宁上进一步发酵罐式生产。武汉植物研究所采用气升式生物反应器培养甘草与三七细胞，又把组培技术提高一大步。

# 绿色植物工程

绿色植物基因工程已经有十余年历史，将外源基因导入受体的方法不断创新，手段越来越先进，效果也越来越好。20 世纪 80 年代初，农杆菌 Ti 质粒系统之后就相继出现了电穿孔、PEG 法等。以后出现了花粉管通道法，尤其到 20 世纪末，先进的基因枪法、激光束法把这项技术推向新的高峰。根据不同植物最佳外植体的不同选择，转入的方法也五花八门，但从外植体再生成完整植株的组织培养技术来看，也在不断改进与提高。因此，获得的转基因植物包括单子叶、双子叶、木本、草本和一些粮食、蔬菜以及经济作物，统计起来恐怕也有几百种。相比之下，目标基因、基因表达的启动子和调节控制元件，倒显得来源偏窄、种类偏少。这与自然界丰富多彩的生物物种相比，不免显得单调。为此，加强转座子标记这类定位、分离、纯化基因手段，大力提高分子水平上的研究，实验，进一步协调质、量、时、空关系，是这项工程深入发展的关键。

最近，利用分子标记和遗传图谱定位抗逆基因已见成效，最终把耐盐、耐碱、耐旱的植物提供到人们面前，那时，沙漠绿化、粮蔬大幅增产将成为现实，绿色植物工程将会对人类作出更大贡献。